机器人全档案

冯化太◎主编

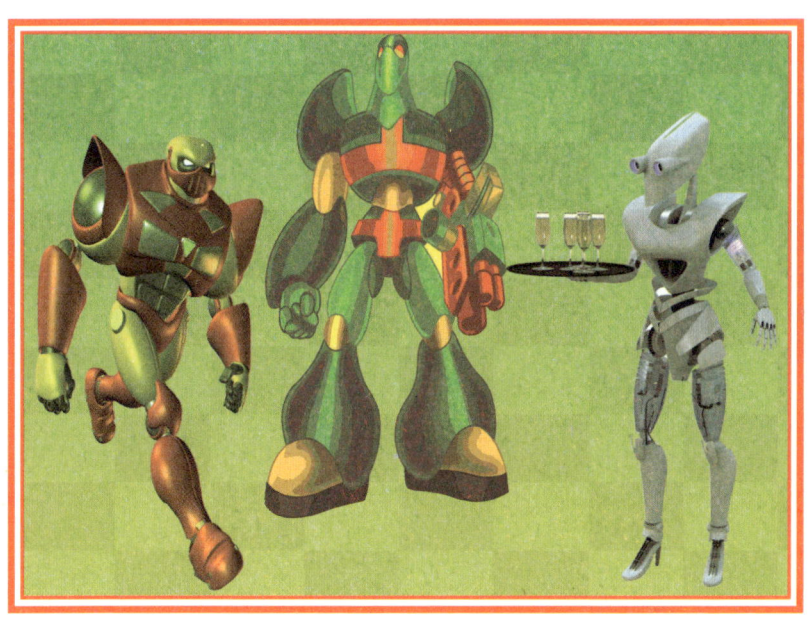

汕头大学出版社

图书在版编目（CIP）数据

机器人全档案 / 冯化太主编. -- 汕头 ： 汕头大学
出版社，2018.8（2023.5重印）
ISBN 978-7-5658-3706-7

Ⅰ．①机… Ⅱ．①冯… Ⅲ．①机器人－青少年读物
Ⅳ．①TP242-49

中国版本图书馆CIP数据核字（2018）第163957号

机器人全档案　　　　　　　　　　　　　　JIQIREN QUAN DANGAN

主　　编：冯化太
责任编辑：汪艳蕾
责任技编：黄东生
封面设计：大华文苑
出版发行：汕头大学出版社
　　　　　广东省汕头市大学路243号汕头大学校园内　邮政编码：515063
电　　话：0754-82904613
印　　刷：北京一鑫印务有限责任公司
开　　本：690mm×960mm 1/16
印　　张：10
字　　数：126千字
版　　次：2018年8月第1版
印　　次：2023年5月第2次印刷
定　　价：45.00元
ISBN 978-7-5658-3706-7

前言
PREFACE

习近平总书记曾指出："科技创新、科学普及是实现创新发展的两翼，要把科学普及放在与科技创新同等重要的位置。没有全民科学素质普遍提高，就难以建立起宏大的高素质创新大军，难以实现科技成果快速转化。"

科学是人类进步的第一推动力，而科学知识的学习则是实现这一推动的必由之路。特别是科学素质决定着人们的思维和行为方式，既是我国实施创新驱动发展战略的重要基础，也是持续提高我国综合国力和实现中华复兴的必要条件。

党的十九大报告指出，我国经济已由高速增长阶段转向高质量发展阶段。在这一大背景下，提升广大人民群众的科学素质、创新本领尤为重要，需要全社会的共同努力。所以，广大人民群众科学素质的提升不仅仅关乎科技创新和经济发展，更是涉及公民精神文化追求的大问题。

科学普及是实现万众创新的基础，基础更宽广更牢固，创新才能具有无限的美好前景。特别是对广大青少年大力加强科学教育，使他们获得科学思想、科学精神、科学态度以及科学方法的熏陶和培养，让他们热爱科学、崇尚科学，自觉投身科学，实现科技创新的接力和传承，是现在科学普及的当务之急。

近年来，虽然我国广大人民群众的科学素质总体水平大有提高，但发展依然不平衡，与世界发达国家相比差距依然较大，这已经成为制约发展的瓶颈之一。为此，我国制定了《全民科学素质行动计划纲要实施方案（2016—2020年）》，要求广大人民群众具备科学素质的比例要超过10%。所以，在提升人民群众科学素质方面，我们还任重道远。

我国已经进入"两个一百年"奋斗目标的历史交汇期，在全面建设社会主义现代化国家的新征程中，需要科学技术来引航。因此，广大人民群众希望拥有更多的科普作品来传播科学知识、传授科学方法和弘扬科学精神，用以营造浓厚的科学文化气氛，让科学普及和科技创新比翼齐飞。

为此，在有关专家和部门指导下，我们特别编辑了这套科普作品。主要针对广大读者的好奇和探索心理，全面介绍了自然世界存在的各种奥秘未解现象和最新探索发现，以及现代最新科技成果、科技发展等内容，具有很强的科学性、前沿性和可读性，能够启迪思考、增加知识和开阔视野，能够激发广大读者关心自然和热爱科学，以及增强探索发现和开拓创新的精神，是全民科普阅读的良师益友。

目 录
CONTENTS

机器人产生与发展............001

机器人的开发制造............009

机器人的结构组成............015

机器人的发展里程............031

机器人的未来方向............057

操作控制型机器人............063

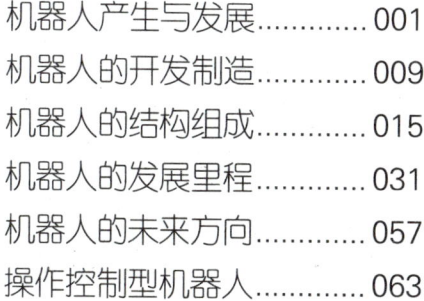

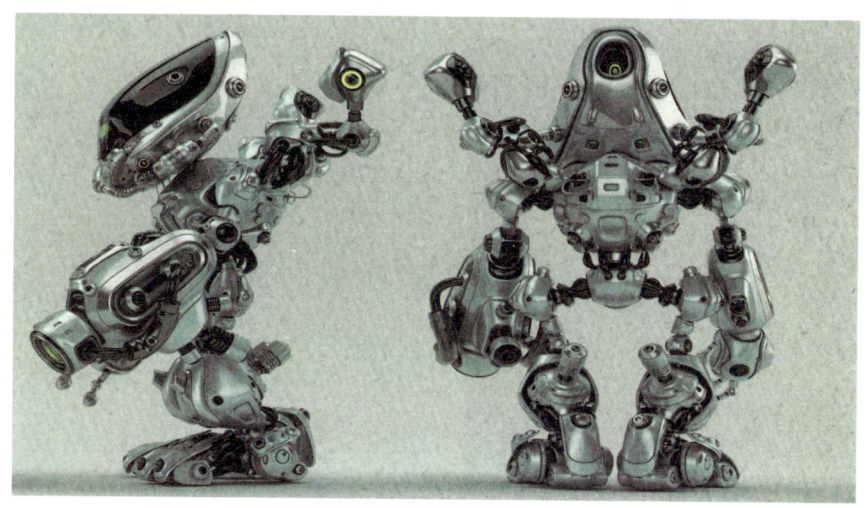

程序控制型机器人............067

数字控制型机器人............071

示教再现型机器人............075

传感控制型机器人............079

适应控制型机器人............083

学习控制型机器人............087

人工情感型机器人............091

机器人的社会影响............095

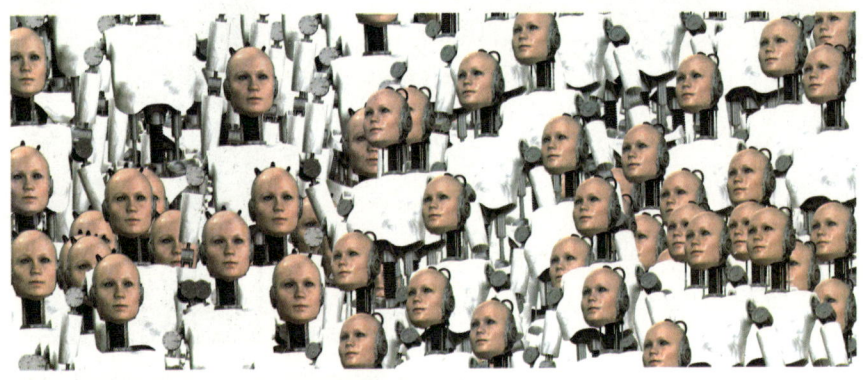

世界机器人大会...............105

机器人杀人的警示............111

人机世纪大对决...............115

未来的无人战争...............121

神奇的纳米机器人............127

自我复制的机器人............133

纳米超级智能机器............137

数字化虚拟人...................145

机器人产生与发展

　　那是1920年，捷克的著名剧作家卡雷尔·查佩克在剧作《罗萨姆万能机器人》中首先提到了"Robot"这个词，"Robot"就是"机器人"的意思。也就是说，在机器人还没有问世之前，它的名字就起好了。

　　据说，机器人取名叫"Robot"，还有一个有趣的小故事呢！在查佩克写科幻剧本之前，他就已经想好了一个叫"labor"的词，这在拉丁文中是"劳动、工作"的意思。但是，查佩克觉得这个名字太一般了。在当时，他的兄弟正在画画，就随口说了一句"那叫它们Robotnik好了。"就

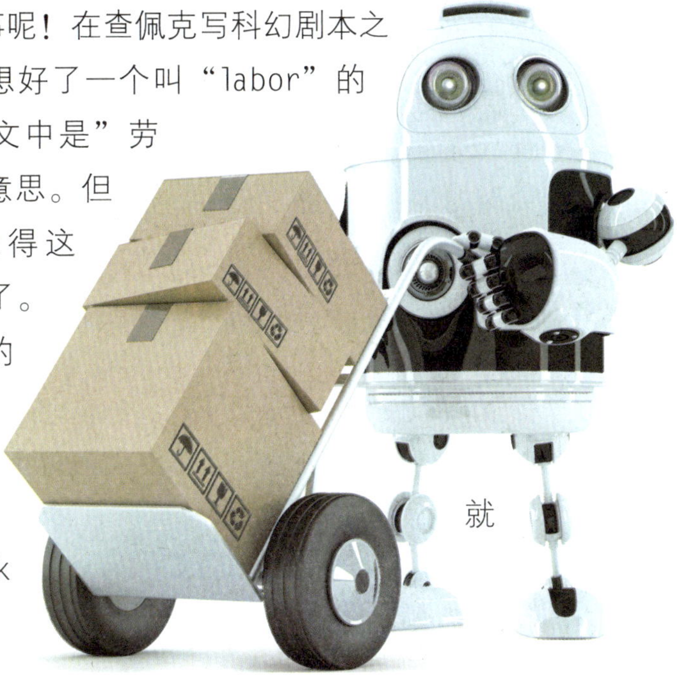

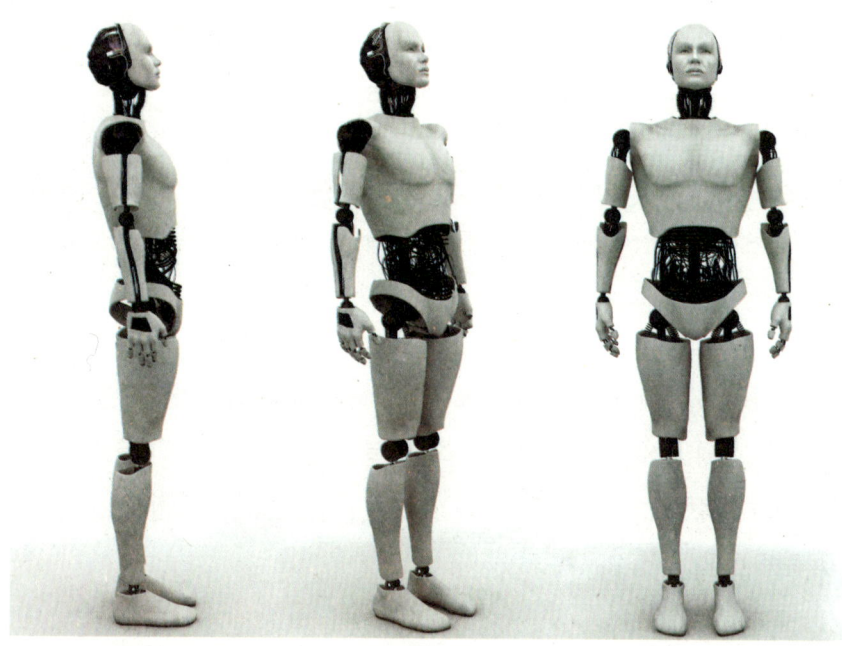

　　捷克语"Robotnik"是指奴隶、仆人或那些被迫服侍别人的人。后来，各个国家在翻译这个词时，都采用了捷克语的音译。在中国，为了更加明确它的内在含义，便把它翻译成了"机器人"。

　　查佩克这部科幻剧讲述了在第一次世界大战后工厂向自动化发展的情景。在工厂里，可以很快地制造出机器人，作为一个廉价的劳动力，它取代了工厂中工人的很多位置。

　　在剧中，机器人按照其主人的命令默默工作，没有感觉和感情，以呆板的方式从事繁重的劳动。后来，罗萨姆公司取得了成功，使机器人具有了感情，导致机器人的应用部门迅速增加。

　　在工厂和家务劳动中，机器人成了必不可少的成员。机器人发觉人类十分自私和不公正，就逐渐不听主人的了。随着两者矛盾的激化，机器人发动了叛乱，它们的体能和智能都非常优异，因此，人类被毁灭了。

但是，机器人不知道如何制造它们自己，认为它们很快就会灭绝，所以，它们开始寻找人类的幸存者，但是没有结果。机器人为了自己生命的延续，逼迫人类对机器人进行解剖，以获取制造机器人的方法。

当人类被迫要解剖机器人时，却面临着一对互相爱恋的

机器人，它们都乐于为对方做出牺牲，这使人类感到了爱情、正义和希望所在。这时机器人又进化为了人类；并拯救了人类。从此，人类世界又起死回生了。

查佩克在剧中提出了一个比较严肃的问题，这就是机器人的安全、感知和自我繁殖的问题。随着科学技术的进步，很可能引发人类不希望出现的问题。虽然科幻世界只是一种想象，但人类社会将可能面临科学带来的各种危机的问题。

为了防止机器人伤害人类，美国著名科幻小说家、科普作家、美国科幻小说黄金时代的代表人物之一阿西莫夫于1940年提出了"机器人三原则"：

1. 机器人一般不应该伤害人类；

2. 机器人应遵守人类的命令，与第一条违背的命令除外；

3. 机器人应能保护自己，与第一条相抵触者除外。

这是阿西莫夫给机器人赋予的伦理性纲领。后来，在学术界一直将这三原则作为机器人开发的准则。那是在1967年，第一届机器人学术会议在日本召开，会上提出了两个具有代表性的定义。

一是两位日本机器人学家森政弘与合田周平提出的：

> 机器人是一种具有移动性、个体性、智能性、通用性、半机械半人性、自动性、奴隶性等7个特征的柔性机器。

从这一定义出发，森政弘又提出了用自动性、智能性、个体性、半机械半人性、作业性、通用性、信息性、柔性、有限性、移动性等10个特性来表示机器人的形象。

　　另一个是被誉为仿人机器人之父的日本加藤一郎提出的具有如下三个条件的机器称为机器人：

　　1. 具有脑、手、脚等三要素的个体；
　　2. 具有用眼、耳等非接触传感器和接触传感器接受远方信息的能力；
　　3. 具有平衡觉和固有觉的传感器。

　　这个定义强调了机器人应当仿人的含义，即它靠手进行作业，靠脚实现移动，由脑来完成统一指挥的作用。非接触传感器和接触传感器相当于人的五官，使机器人能够识别外界环境，而平衡觉和固有觉则是机器人感知本身状态所不可缺少的传感器。当然，这里所描述的不是工业机器人，而是自主机器人。

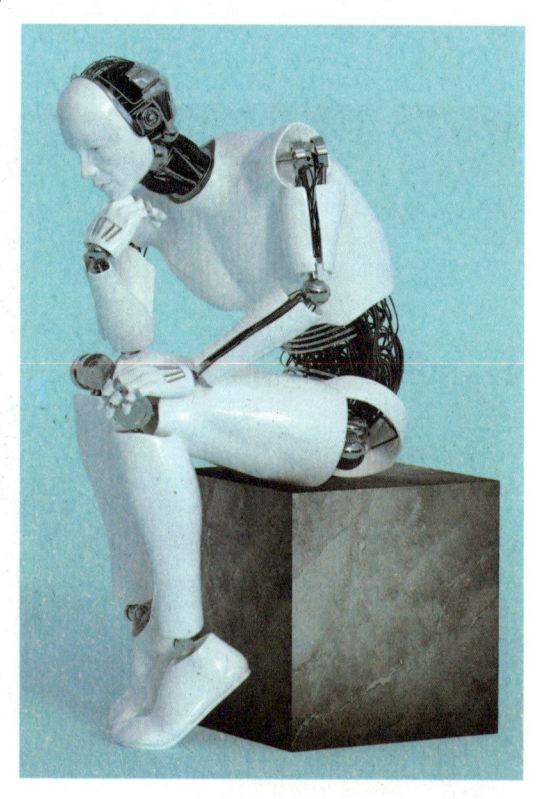

　　机器人的定义是多种多样的，其原因是它具有一定的模糊性。动物一般具有上述这些要

素，所以在把机器人理解为仿人机器的同时，也可以广义地把机器人理解为仿动物的机器。

到了1987年，国际标准化组织对工业机器人进行了定义：

工业机器人是一种具有自动控制的操作和移动功能，能完成各种作业的可编程操作机。

1988年，法国著名教授埃斯皮奥将机器人定义为：

机器人学是指设计能根据传感器信息实现预先规划好的作业系统，并以此系统的使用方法作为研究对象。

在我国，科学家们对机器人的定义是：

机器人是一种自动化的机器，所不同的是这种机器具备一些与人或生物相似的智能能力，如感知能力、规划能力、动作能力和协同能力，是一种具有高度灵活性的自动化机器。

在研究和开发未知及不确定环境下作业的机器人的过程中，人们逐步认识到机器人技术的本质是感知、决策、行动和交互技术的结合。随着人们对机器人技术智能化本质认识的加深，机器人技术开始源源不断地向人类活动的各个领域渗透。

结合这些领域的应用特点，人们发展了各式各样的具有感知、决策、行动和交互能力的特种机器人和各种智能机器，如移动机器人、微机器人、水下机器人、医疗机器人、军事机器人、空中空间机器人、娱乐机器人等。

对不同任务和特殊环境的适应性，也是机器人与一般自动化装备的重要区别。这些机器人从外观上已远远脱离了最初仿人型机器人和工业机器人所具有的形状，更加符合各种不同应用领域的特殊要求，其功能和智能程度也大大增强，从而为机器人技术开辟出更加广阔的发展空间。

中国工程院院长宋健指出："机器人学的进步和应用是20世纪自动控制最有说服力的成就，是当代最高意义上的自动化"。

总之，机器人技术综合了多学科的发展成果，代表了高技术的发展前沿，它在人类生活应用领域的不断扩大正引起国际上重新认识机器人技术的作用和影响。

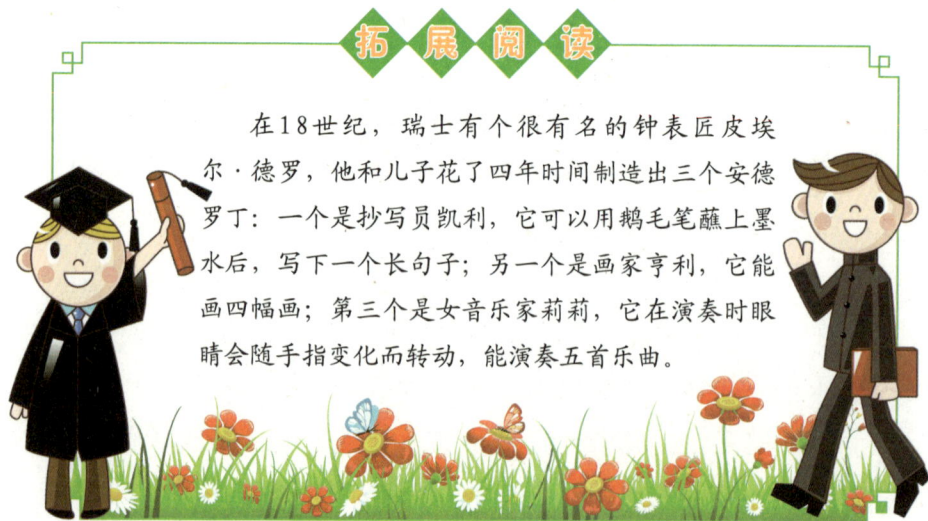

拓展阅读

在18世纪，瑞士有个很有名的钟表匠皮埃尔·德罗，他和儿子花了四年时间制造出三个安德罗丁：一个是抄写员凯利，它可以用鹅毛笔蘸上墨水后，写下一个长句子；另一个是画家亨利，它能画四幅画；第三个是女音乐家莉莉，它在演奏时眼睛会随手指变化而转动，能演奏五首乐曲。

机器人的开发制造

　　人类在进入20世纪后，"机器人"一词才正式出现在人们的视野里，机器人的研究与开发得到了更多人的关注与支持，一些实用化的机器人便相继问世了。

　　机器人是多学科技术综合的新兴产物，它不像有些产品经历孕育、成长、成熟到衰亡的过程，而是将随着人类的进步、发展而不断完善。

那是1927年，美国西屋公司工程师温兹利制造了第一个机器人"电报箱"，并在纽约举行的世界博览会上展出。它是一个电动机器人，装有无线电发报机，可以回答一些问题，只是这个机器人不能走动。

到了1954年，美国人乔治·德沃尔制造出了世界上第一台可以编程的机器人，即世界上第一台真正的机器人，并注册了专利。这种机械手能够按照不同的程序从事不同的工作，因此它具有通用性和灵活性。

到了20世纪60年代前后，随着微电子学和电脑技术的迅速发展，自动化技术也取得了飞跃性的变化，普遍意义上的机器人开始出现了。

那是1959年，美国英格伯格和德沃尔制造出了世界上第一台工业机器人，取名"尤尼梅逊"，意为"万能自动"。从第

一台机器人诞生开始，到能进行小批量生产，美国在1974年就已经拥有了1200台机器人，主要满足汽车工业的需求。

日本在1967年从美国引进了机器人，与美国缔结了国际性合作协议。1969年，日本试制出了全部国产的第一台机器人"川崎尤尼麦特"。在当时，日本劳动力严重匮乏，这大大促进了机器人发展。到1973年，日本的机器人产量达到了2500台。

到了20世纪70年代，第二代机器人开始迅速发展并进入了实用和普及的阶段。1976年，苏联便拥有机器人510台，前西德拥有250台机器人，这些机器人主要活跃在对人有危险或有害的工作岗位上。

在当时，美国由于消费水平的提高，市场需要大量高质量的产品，于是造成了劳动成本的上升。而工业机器人的成本很低，美国一批大公司相继加入机器人制造行列，如通用汽车、通用电气、IBM、西屋电气等公司。

随着机器人生产企业及市场发展的日趋成熟，日本大力支持机器人制造工业。日本的机器人公司有几百家之多，使用机器人数占到全世界总数的50%以上。

从20世纪80年代开始，科学家们力图使传统的机械机器人向多用途发展，向智能化发展。也就是说，准备赋予机器人一定的感知、思维以及动作的能力，大规模地生产丰富的产品，以提高生产效率。

1984年，日本建立了首座无人工厂。工厂有1010台带有视觉的机器人，它们与数控机床等配合，按照程序完成生产任

务。1997年，日本的本田公司制造出高1.6米的"阿西莫"机器人。这个机器人有三维视觉，头部能自如转动，双脚能躲开障碍物，能改变方向，在被推撞后可以自我平衡。

2004年1月，美国发射的"勇气号"和"机遇号"火星车先后成功登陆。火星车在火星表面行走、拍摄、钻探、化验，非常精彩地完成了自己的使命。

经过几十年的发展，机器人已经在很多领域中取得了巨大的应用成绩，其种类也不胜枚举，几乎各个高精尖端的技术领域都少不了它们的身影。虽然机器人已经有了突飞猛进的发展，但是人们希望它能有更高的人工智能水平。

展望未来，随着高级机器人和特种机器人的发展、多种机器人和操作者之间的协调控制，以及通过网络建立的大范围机器人遥控系统将成为发展趋势。随着遥控及智能化技术的发

展，还将出现各种各样的服务机器人，它们将使人们真正脱离生产前线，使机器人成为生产前线的主力军。

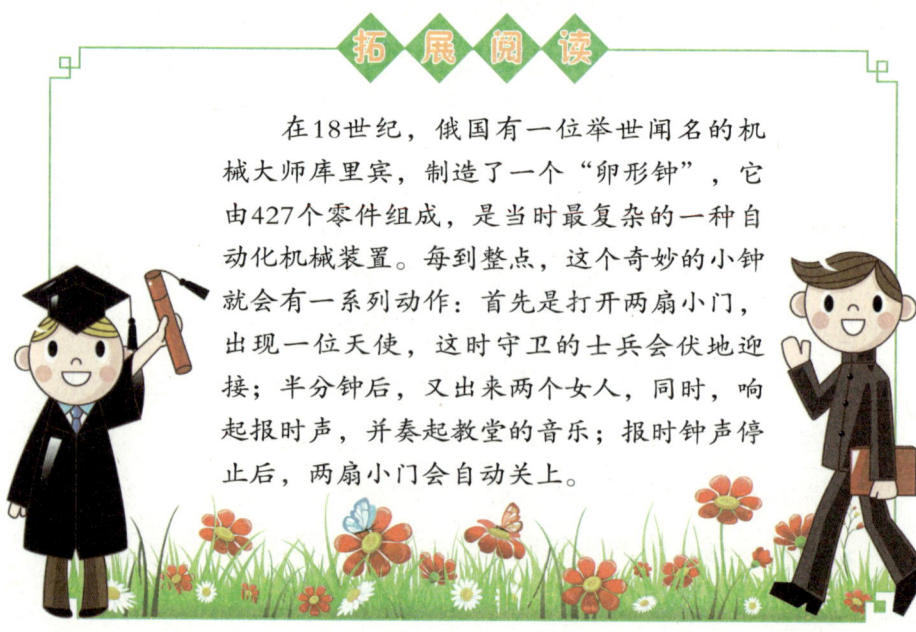

拓展阅读

在18世纪，俄国有一位举世闻名的机械大师库里宾，制造了一个"卵形钟"，它由427个零件组成，是当时最复杂的一种自动化机械装置。每到整点，这个奇妙的小钟就会有一系列动作：首先是打开两扇小门，出现一位天使，这时守卫的士兵会伏地迎接；半分钟后，又出来两个女人，同时，响起报时声，并奏起教堂的音乐；报时钟声停止后，两扇小门会自动关上。

机器人的结构组成

　　我们人类有手，能做各种各样的动作；有腿有脚，能走路；有眼睛，能看到东西；有嘴巴，能说话；有耳朵，能听到声音；有皮肤，能感觉到凉热软硬，知道碰到了什么东西；有

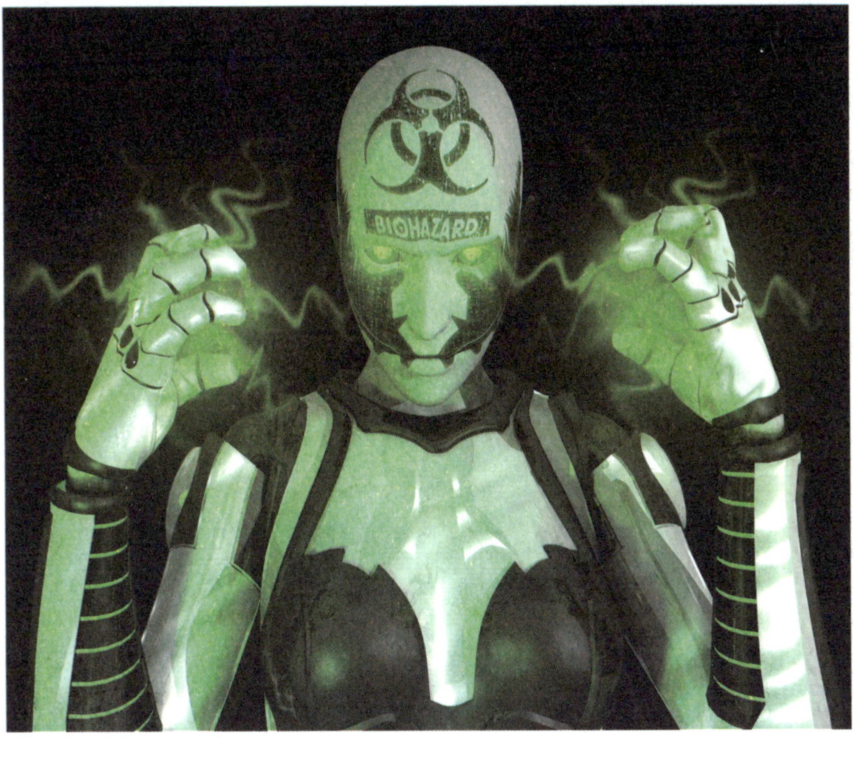

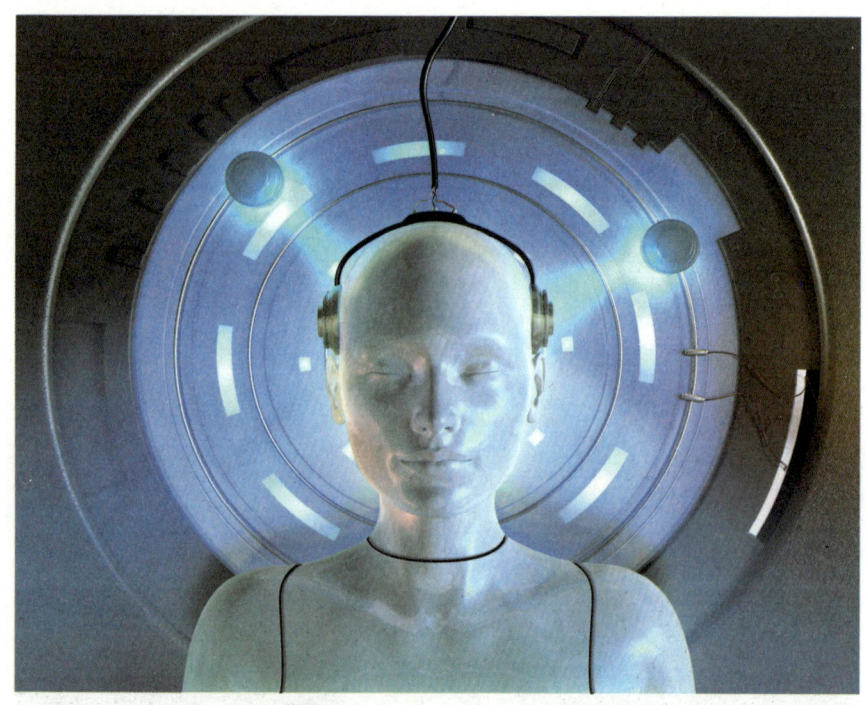

大脑，能思维。我们研制机器人是为了代替人的工作，因此也要有这样的功能。那么，机器人又是通过什么样的组成和结构来实现这些功能的呢？

为了自身的移动，机器人必须有自己的腿或脚；为了控制手臂和腿的活动，机器人还必须要有大脑，才能够进行逻辑推理和数字计算。这样，机器人才知道什么时候能动或怎样动。

为了能够获取或移动物体，机器人还必须有自己的视觉和触觉。这就需要机器人有类似人类眼睛和皮肤的图像接收器和各种传感器，一种类似于神经系统的信号传递系统。

为了能够正确发出和接收语音信息，智能程度较高的机器人还应有自己的嘴巴和耳朵。机器人的嘴巴和耳朵是由语音输出、接收、识别和处理系统组成的。

机器人的大脑

在电子计算机发明出来以前，机器人只不过是机械手，根本谈不上是机器人。计算机的发明使机械手终于"进化"成为了机器人。机器人的大脑就是一台灵巧的计算机。这样，机器人就不再是被动地工作了，而是成为了能够主动采集数据、独立作出分析判断和推理、具有自我学习能力的"高级助手"了。

机器人的大脑可以说是机器人的控制中心。它能够记忆知识、进行运算、逻辑判断、进行简单的联想预测，也能够对其动作的轨迹进行快速计算，从而确定手臂和关节坐标的数据，控制手臂和腿脚的自由移动。另外，它还能够适时控制各种传感器，进行信号接收和处理，且具有自我诊断、自我修复的能力。

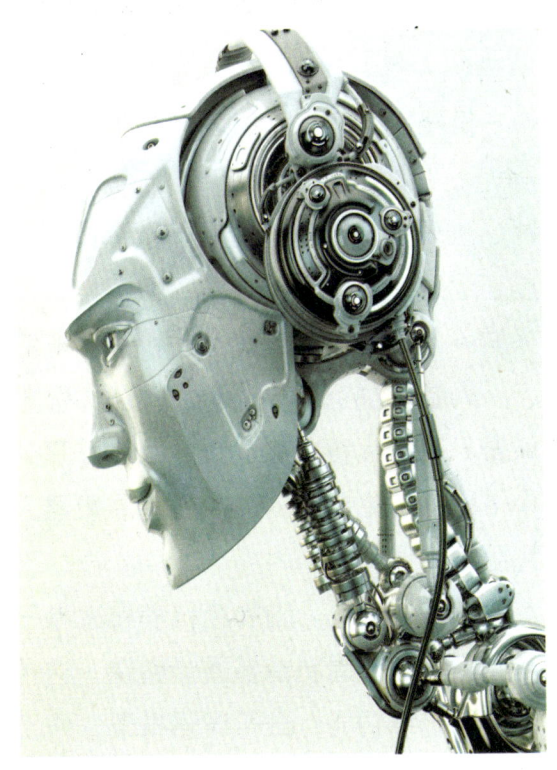

具有这样功能的机器人，它的大脑应是一台特殊的电脑，即拥有实时操作系

统、能够进行人机交流的高级语言、运算速度极高的电脑。

为了使机器人具有更加强大的功能，我们必须研究人类的大脑。因为，人之所以成为"万物之灵"，就是因为有一个比任何动物都发达的大脑。发展智能机器人，就是要造出能够模仿人类大脑工作的真正的"脑"。

机器人之所以会被称为"人"，就是因为它有自己的"大脑"。它的"大脑"具有人工智能，具有自动收集信息、判断、推理、执行的能力。不过，机器人的"大脑"是电脑，电脑还远远比不上人的大脑。因为电脑的可靠性差、效率低，而人脑不仅非常完善，而且体积小，能耗少，效率高。

人脑有149亿个神经细胞，体积才0.0015立方米，所需的能量只有10瓦特左右。人的眼睛、耳朵比电脑输入输出设备要小得多，效率要高得多。要发展机器人，就必须详细研究人的大脑的神经活动。

随着生物学、脑神经科学和微电子科学技术的迅速发展，科学家们的设想将能够逐步实现。这种大脑能够模仿人的某些感觉和思维功能，进行逻辑推理，作出判断。只要按一定的规则输入信息，它就能够根据脑中储存的信息，进行比较分析，并输出结果，从而代替人脑的部分劳动，那么就更进一步地解放了生产力。

机器人的眼睛

人类获取外界信息的80%来自于眼睛，机器人更是如此。机器人的眼睛，也就是视觉器官，它要获得环境中有关各种信息，如形状、位置、大小、颜色、物体的形态等，就必须要有眼睛。

而且，机器人的眼睛不但要能获得上述各种信息，还要把它们准确地传递到大脑中去。也就是说，还要有视神经。因此，机器人的眼睛应该是由视觉器官即视觉传感器，以及相应的视觉传输控制系统组成。

机器人的视觉器官是一种视觉传感器，可以用光学系统，或者用超声波传感系统。如果采用光学系统，就要有一台摄像头和三维图像数据处理

系统，由它们来采集环境中物体的各项数据，并将这些数据传到机器人的大脑即电脑中去。如果采用超声波系统，就要有超声波的发射和接收系统。

机器人的耳朵

机器人的语言接收部分当然就是它的耳朵了。机器人当然不能是聋子，它必须要有自己的语言输入系统。机器人耳朵的工作原理与它的语言输出系统相仿，它把这一过程逆过来就行了。机器人的耳朵实际上就是它的听筒以及相应的语音识别系统。

机器人接收到语音后，把它分解转换为相应的参量，如数字方式的信息，与预先储存在机器人电脑中的参量进行比较，就能"明白"语言内容，以便通过相应的控制系统，采取与语言指令相应的行动。

较为先进的语音接收系统，则是将听筒收到的语音信息，转换为二进制数字信息，然后存储起来。接着，将这一语音数字信息进行加工，计算出它们的特别参量或正规矢量，最后，求出正规矢量，将它与机器人电脑中存储的语音标准值进行比较，就能明白所接收的语音中的信息。

机器人的语言

机器人与人之间的信息交流，如向人报告情况、接收指令

等，主要是靠语言。机器人的语言发出部分就是它的嘴巴，它的嘴巴由扬声器和语音合成与处理系统组成，其语言发出方式有三种：

一种是较为简单的语音系统。就是在磁介质或语音芯片中预先存储常用的单词和短语，在需要时，由控制系统根据所要表达的内容合成相应的语言段，再通过扬声器传播出去。这种语言发出方式比较简单直观，叫做语音编辑方式。

另一种语言发出方式，叫做参量合成方式。它将人的语音事先进行深入地处理，分成相应的参量，作为基本数据，存储在机器人的语音库中。当需要表达时，由合成系统根据相应的语义，利用语音参量进行合成，最后以语音波的方式，将语言信息传播出去。

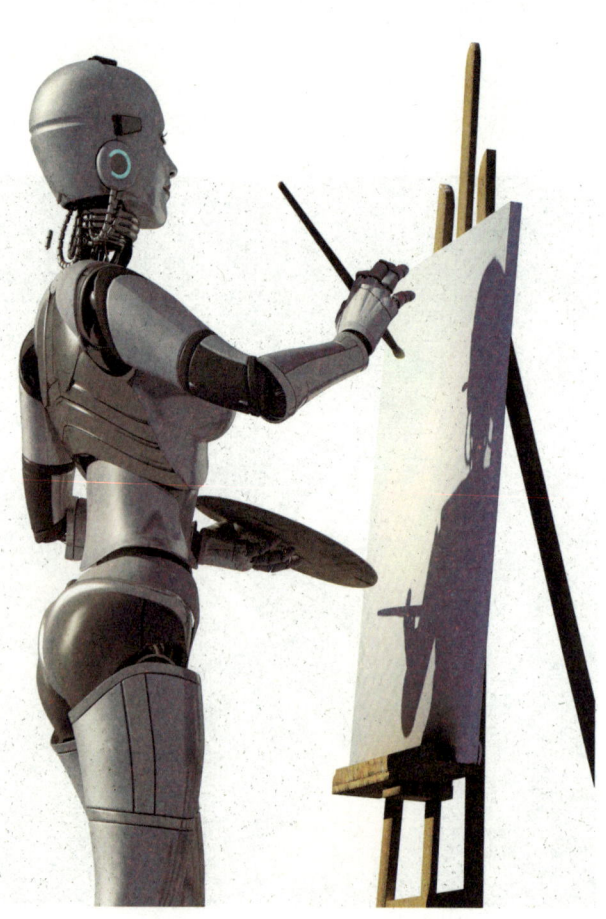

还有一种语言发出方式，叫做法则合成方式。它直接将语音信息变换成一个个音素，固化在芯片中。需要时，再合成为相应的语言输出。这种方式是最为复杂的语言输出方式。

机器人的手臂

机器人的手臂要特别灵活，它不像挖掘机的铲斗，只能靠机械力移动而铲土。机器人的手臂也有类似于人的臂、腕、手指关节等组成部分。人的手部有20个关节，臂部有7个关节，在大脑的控制下，可以在三维空间自由移动。

机器人的手臂也与人的类似，它在三维空间内按一定角度和距离移动。因此，它也有三个自由度，即上下、前后、左右，它要计算出某个点的三维坐标才能进行相应地移动。人有五个手指，而对机器人来说，一般有三个手指就足够用了。

根据机器人的不同用途，每个手指的自由度可大可小。人手臂的移动，要靠手臂上

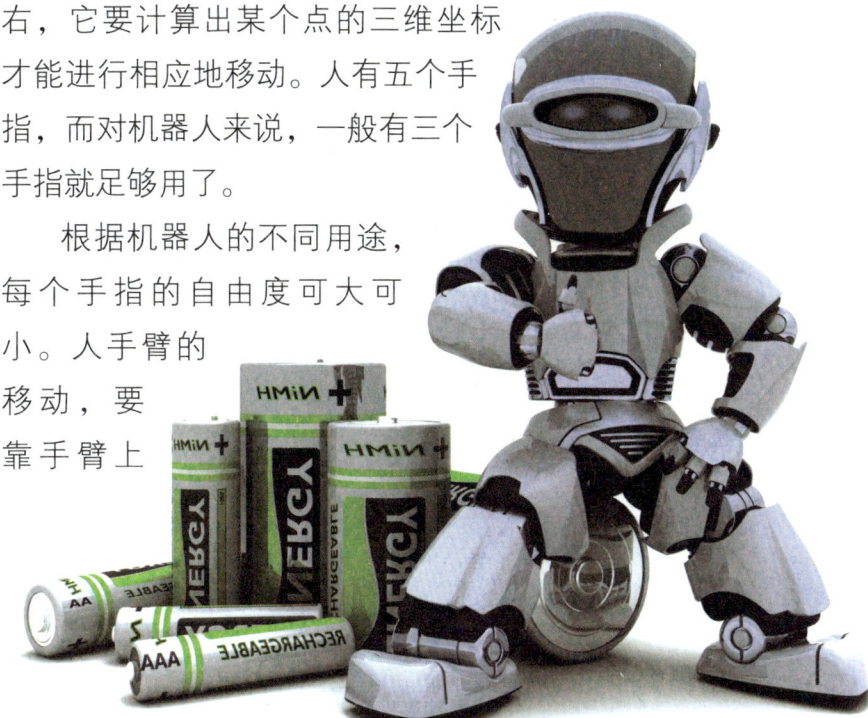

肌肉的曲张力，而机器人关节和手臂移动的力则可以有多种方式：

第一，液压方式。它类似于喷雾器，用液体的压力使手臂移动；第二，气动方式。它好像公共汽车的开关门，用压缩的气体来推动手臂移动；第三，电动方式。就是通过电动机和机械传动部件，驱动机器人的手臂，使之相应地移动。另外，机器人的手臂还可以采用交流驱动方式，它能做到小型化、灵巧化，增强可靠性。

机器人的手臂能够按照指令达到空间某一位置，但是，要完成一项工作，它还必须要有手，包括手腕和手指。人的手可以拿起一枚针，翻开一页书，还可以拿起各种工具，举起各种重物，几乎无所不能。而机器人的手大多是为了完成某种特定任务而设计安装的，并仿效人手拿工具的状态。比如，机器人的手上装了焊枪，保留手腕灵活转动的功能，这样就可以焊接了。

当然，如果要机器人拿起一枚针，像人那样去缝制衣服就困难了。对于拿起一张纸或一块玻璃这样的事，它的手就变成了吸盘，它是通过真空吸附的方法把纸或玻璃拿起来的。这种吸附力有时非常大，可以吸起一块汽车的挡风玻璃，也可以吸起大的彩色显像管。

　　除了上面一些与工具连在一起的机械手外，机器人还有很多指型手爪，因为机器人在工作时，常常需要拿起各种零件。在分析了人的手指功能后工程师们发现，人手拿起东西主要靠拇指和食指合作，拿圆形物体时，中指也有着不可忽视的作用。因此，工程师们就重点开发了二指和三指的手爪，根据零件的形状和大小设计了不同的手爪。

　　可是，这又带来了一个问题。假若在一项任务中，要这个机器人拿不同的零件，而且只能用不同的手爪，那怎么办呢？工程师们又设计了手爪自动更换装置，就是当机器人在做一个

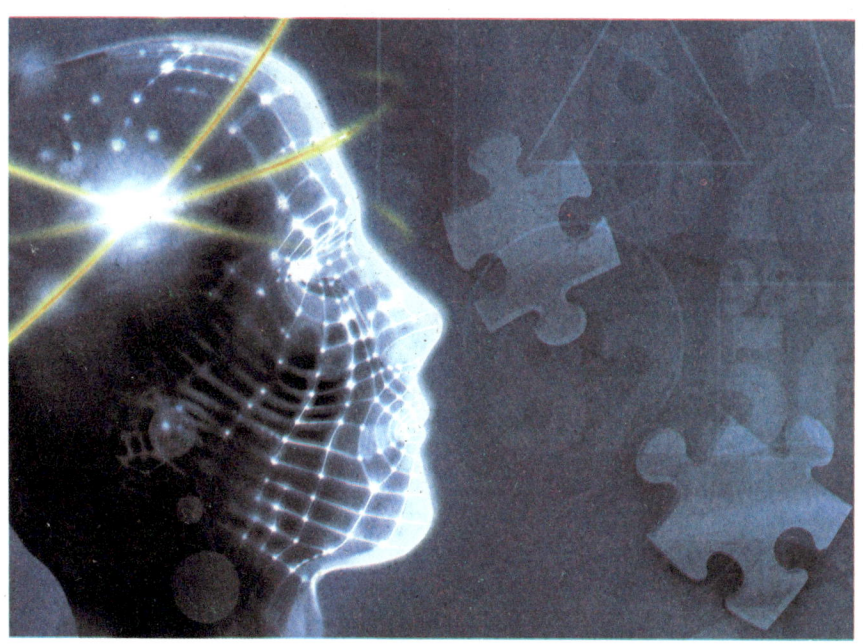

零件后，它会自动地到一个手爪库，把原来的手爪换下来并自动装上新的手爪。

除了这些通用的手爪外，科学家们还在研究多指手，就是像我们人手一样，有多个手指、多个关节。当然这种手在结构及控制上都复杂多了。同时，科学家们还在研究一种仿人手腕的手，即在手上装有力和力矩的传感器，判断工件接触状态，实现自动调整。比如，当一个圆轴插入一个孔时，由于轴和孔都很精密，插入过程会发生卡住现象，这种仿生手能够通过感觉，进行自动调整，实现高精度地装配。

机器人的腿脚

机器人腿脚，也就是机器人下肢，它的主要功能是支撑和

移动身体。科学家已经研制出了各种腿脚类型的机器人，其中，轮式行走机器人容易受到地形的限制，如上楼梯就很困难。而多足机器人的腿太多，在行进中的控制协调成为一个难点，并且由于结构太复杂，因此只能在一些特殊场合下应用。

从多足机器人形式，又引出了手脚并用的爬壁机器人和建筑机器人。它们利用手脚上吸盘，吸住玻璃幕墙，一步一步向上爬，或利用它们手脚上的抓手，抓住脚手架登高。

通过实践发现，人的双腿行走是一种最高级、最灵活的行走方式。于是，科学家利用仿生学研制了一些双足直立行走的机器人，而且部分机器人已经达到了正常人的步行速度。其中，大多机器人是靠关节的运动和步伐的调整来解决平衡问题的。机器人在学术界以后的发展方向，就是要研制出操作更简单、更具智能化的双足直立行走机器人。科学家还注意到蛇的爬行是靠自身的收缩、变形来前进的，据此研制了一种蛇形机器人。它主要用来检测和清理管道，如在煤气管道中自由地通过和检测，再进行处理。

机器人的皮肤

机器人的皮肤，并不仅仅指的是外部构造，更主要是指它的身体感觉部分，也就是相当于人的触觉部分。机器人的皮肤触觉具体包括触觉、压觉、滑觉、硬度觉以及冷热觉等。

机器人的触觉系统由触觉传感器及其控制部分组成，触觉能够检测机器人的手是否碰到或抓到了物体，前面是否遇到了障碍物，并能了解物体的大致形状。压觉可以检测到机械手与物体之间的压力大小，从而确定物体抓牢程度的大小和调整抓握物体的方式。滑觉可以检测机械手与物体的滑动程度，测出物体切向力的大小，从而决定如何使物体不脱手。机器人的硬度觉和冷热觉可以帮助机器人判断物体的性质，从而决定是否握取物体。

机器人的神经

20世纪40年代末，美国应用数学家、控制论的创始人维纳创立的控制论和美国数学家、信息论创始人香农提出的采样定理，可以说为机器人神经网络的控制奠定了理论基础。控制在机器人动作中是一个核心问题，与能源、信息、执行机构都直接发生着关系。

机器人的神经网络是如何控制的呢？当人把指令输入电脑时，电脑会产生控制信号，信号放大器接受命令并将其放大，再传给驱动装置。并且，为了使它执行得快速和平稳，人们在其躯体上的适当位置安装了各种感觉装置，也称之为传感器。

计算机这个机器人的"大脑"，就是通过整个神经网络来解决这些问题的，从而完成人对机器人的一系列动作要求。

机器人的动力

机器人的运动，从物理的角度讲，是一种机械能的表现。但是，外界输给机器人的能量是如何转变为机械能的呢？机器人的动力源又是什么呢？

机器人的前身，即那些自动偶人和自动钟等，大多借助于发条，也就是机械能之间的传递转换。后来的机器人动力源已经变得多种多样了，有气动的、液压的、电动的等。其中，气动的和液压的动力源都是通过一个阀门来控制。

由于电动动力的发展，气动和液压动力有被取代之势，但是，由于它们的防爆性能比电动的好，故在喷漆等应用领域仍占据优势。电动动力源应用比较广泛，它的种类也比较多。

在电动动力源中，用得最多的是伺服电机。这种伺服电机可以使控制达到较高的精度，因为它实现了一种闭路控制。这种动力源的优点主要是本身的重量轻而输出力矩大，动作准确、反应快，安全可靠、寿命长，同时价格也比较便宜。

除了上述的动力源外，科学家正在研究更类似人肌肉的动力源。当给这种装置加上电压时，金属膜片产生的静电吸引力使各个金属膜片之间相互强烈地吸引，使之整体收缩，就像人的肌肉收缩一样。当去掉电压时，由于静电吸引力消失，薄膜片又恢复了原状，像人的肌肉松弛一样。

还有一些科学家正在研制一种聚合物"肌肉"，这种聚合物肢体在通电时就像人肌肉一样收缩，而在断电时便松弛了。当然，这种聚合物的"肌肉"要达到实用水平，恐怕还要一段时间的努力。

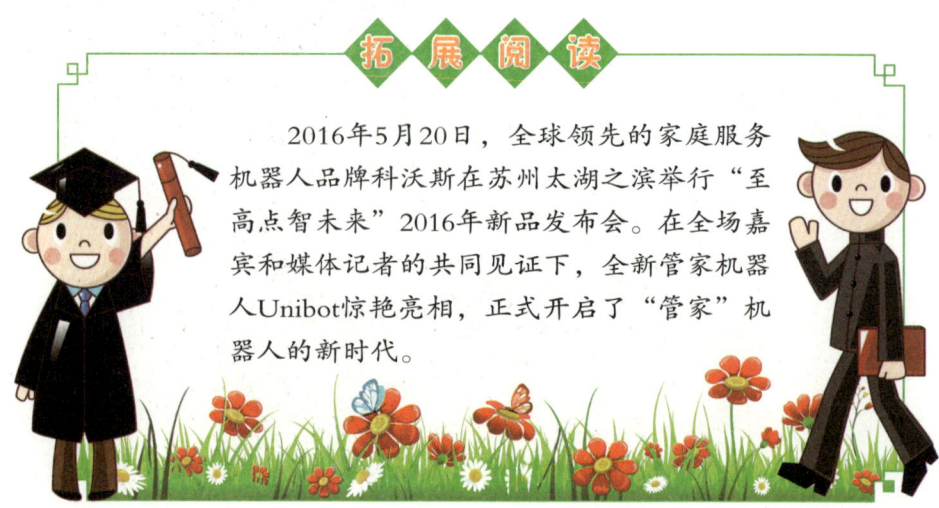

拓 展 阅 读

2016年5月20日，全球领先的家庭服务机器人品牌科沃斯在苏州太湖之滨举行"至高点智未来"2016年新品发布会。在全场嘉宾和媒体记者的共同见证下，全新管家机器人Unibot惊艳亮相，正式开启了"管家"机器人的新时代。

机器人的发展里程

随着科学技术的迅猛发展，我们人类已经在很多方面都离不开机器人的帮助了。那么，在机器人的发展历程中都有哪些具有里程碑意义的时刻呢？下面就列举了一些机器人发展史上的伟大时刻，以供大家参考。

古代的漏壶计时器

公元前1400年，巴比伦人发明了漏壶，这是一种利用水流计量时间的计时器，它也被认为是历史上最早的机械设备之一。在后来的好几百年，发明家们不断对漏壶设计进行改进。在公元前270年左右，古希腊发明家特西比乌斯发明了一种采用活灵活现的人物造型指针指

示时间的水钟，他也因此成名。

在我国，有关漏壶的传说从黄帝时代就有了，而沙漏的最早记载见于元代。造沙漏的目的是为了避免水因气温变化而影响计时精度。其原理是通过流沙推动齿轮组，使指针在时刻盘上指示时刻。

明初创制了五轮沙漏，后来改进为了六轮沙漏。但是流沙容易阻塞，使用并不普遍。中国古代用皇帝的年号纪年，用漏壶记时。漏壶的原理是利用滴水多少来计算时间，因此后人称作水钟。

会飞的鲁班木鸟

鲁班是我国春秋战国时期的鲁国人，被尊称为公输子。他制造了一种叫做木鹊的机器木鸟，木鹊的内部设有机关，能够在空中飞行，被后世的机器人专家称为古代机器人。

传说，有一次鲁班惹得老母亲生气了，然后鲁母不进茶饭，这让他很是着急。鲁班为了哄母亲开心，就废寝忘食地花费了两天时间，用木头制造了一只会飞的大鸟。

战国百家经典《墨子》里记载木鹊"成而飞之，三日不下"，意思是说，这只木鸟乘风飞上高空后，飞了三天三夜都没落地，鲁班木鸟的神奇由此可见一斑。

可惜的是，这种木鹊在鲁班之后便失传了。另外，根据史书记载，墨子和后来的东汉著名天文学家张衡、唐代著名传说人物韩志和、唐代名将高骈等都曾制造过会飞的木鸟。

亚里士多德的想象

公元前322年，古希腊著名思想家、哲学家亚里士多德曾经想象过机器人的应用。他写道："如果每一件工具被安排好，甚至是自然而然地做那些适合于它们的工作……那么就没必要再有师徒或主奴了。"

亚里士多德提出从假设得出结论的"三段论"就是一种机械式的逻辑推理方法。按照他的理论和构想，我们在没有完全弄清楚人脑是如何想问题的情况下，或许就可以建立出一套智能化系统。亚里士多德的构想为探寻人工智能的本质奠定了基础。

达·芬奇设计的骑士

1495年，欧洲文艺复兴时期最完美代表莱昂纳多·达·芬奇设计了一种发条骑士，试图让它能够坐直身子、挥动手臂以及移动头部和下巴。这个机器人是否曾被造出来并不能确定，但根据其设计或许能够造出第一个人形机器人。

达·芬奇结合他对解剖学的痴迷与机械学的热爱，深入研究人类关节的运作原理，发明了史上第一个人型机器人。机器人以木轮为关节，钢架为骨架，钢缆为韧带，有很多机械系统的动力都来自重力平衡。依照设计图，机器人应该是直立的，机器人身体各部必须配合得天衣无缝，制作机器人的工作人员确实费尽了心血。

沃康松的发条鸭子

在1737年，法国发明家雅克·德·沃康松制造了一只发条鸭子。这只鸭子并非玩具，它能够展翅，它的每只翅膀都有超过400个活动部件，能够弯曲脖子和躺下身体，能够发出嘎嘎叫声，还能够喝水和吃谷子，而且还会自行排泄。

沃康松诱使人们去相信这只鸭子的消化过程是真实存在的，然而事实却是在每次演示之前，他都会在鸭子体内预先装入排泄物。随着真相的揭开，

他在一时之间招来了不少批评。尽管如此，沃康松的镀金铜鸭仍然是科学与机械的产物。后来，这只鸭子不知在何时失踪了，从此再也没有人见过它。

土耳其行棋傀儡

在1769年的奥地利，一个名为沃尔夫冈·冯·肯佩伦的男爵为了取悦王室，设计出一个"拥有智慧"的巨型器械。这个器械的外形酷似土耳其传统打扮的魔术师，肯佩伦声称它可以击败人类国际象棋手，以及执行骑士巡逻，就是将马放在棋盘上，使它走遍棋盘上的每一格。

神奇的"土耳其傀儡"迅速走红，它从1770年首次展览到1854年毁于大火的84年间，被带到欧洲和美洲各地展览，击败了不少挑战者，甚至包括法国皇帝拿破仑和美国发明家富兰克林等人。

虽然许多人都曾怀疑过傀儡里面有人，但其秘密直到1857年才在《国际象棋月刊》中被正式揭露。原来，土耳其行棋傀儡实际上是一种让人类棋手藏在里面进行操作的机器。由于藏在里面的棋手都是高手，因此这个机器赢得了大部分的棋局。

雅卡尔提花织机

19世纪早期的法国里昂是世界闻名的丝织之都。里昂的丝织工人们织出的丝绸锦缎图案绚丽，精美绝伦，被人们视为珍品，然而他们使用的工具却是质量低劣、效率低下的老式手工提花机。这种机器需要有人站在上面，费力地一根一根地将丝线提起和放下，才能够织出精细复杂的丝绸，就好像演员在操纵牵线木偶。

这种繁琐的劳动随着雅卡尔提花机的发明而发生了改变。在1804年，法国丝绸织工兼发明家约瑟夫·雅卡尔发明了一种可以通过穿孔卡片控制的自动织机，它的工作效率比老式手工提花机提高了25倍。

在之后的十年间，这种织机被大规模生产出来，整个欧洲有数千台投入了使用。雅卡尔提花织机不仅为丝织业带来了革命，也从此为人类打开了一扇信息控制的大门。

梦想变成人类的木偶

《匹诺曹》又称《木偶奇遇记》，是19世纪意大利作家卡洛·科洛迪留给世人的经典童话故事，是一种关于机器人获得生命的

文学主题。

这个故事讲述了一个叫做匹诺曹的提线木偶男孩梦想变成人类男孩的过程。木刻老人泽皮德用爱心雕刻了匹诺曹，仙女赋予了他生命，但他并不满足于此，他想要成为一个真正的男孩。

在狡猾的狐狸的引诱下，匹诺曹经历了许多惊心动魄的危险，他既恐惧又憧憬，在通过了勇气、诚实与善良的考验之后，他终于成为了一个有血有肉的男孩。

远程自动操作装置

在1898年纽约的麦迪逊广场花园，尼古拉·特斯拉向上万人演示了一项新发明，他称之为"teleautomaton"，即远程自动操作装置，它是一艘无线电遥控船。他通过无线电遥控这艘船，让它做出了前进、停止等动作。

观众们感到很惊奇，可是多数人认为这只是一种魔法而已。其实，特斯拉是采用了他自己设计的脉冲编码将操作指令传达给远程自动操作装置，经过解码后再完成实际操作。而这正是后来远程控制技术的雏形。

特斯拉的"魔法秀"取得了轰动效应，但是这场演示并没有达到他期望的结果。一方面，去现场观看的专利局官员终于同意授予他"移动舰船和汽车控制机制的方法及设备"的专利；另一方面，大众关注的焦点主要在于特斯拉是否有魔力，或者他是否欺骗了观众的好奇心，却几乎没有人注意到这场表演所展示的遥控技术和机器人技术的深远意义。

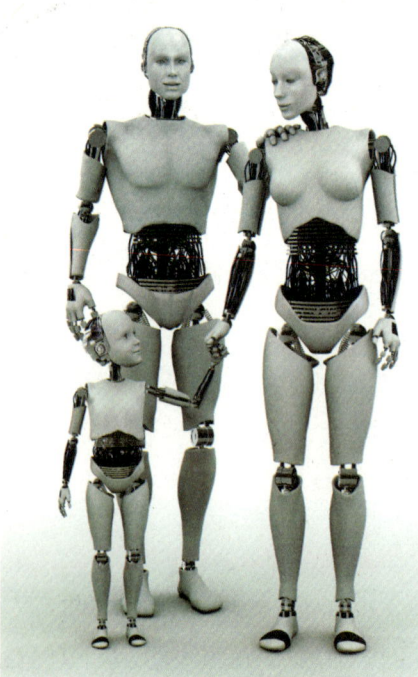

罗萨姆的万能机器人

1921年初春的布拉格，寒风中行色匆匆的人们纷纷在国家大剧院的一幅戏剧海报前驻足不前，原来是叫做《罗萨姆的万能机器人》的一部科幻剧在冰雪覆盖的街头点燃了人们的热情。

这部科幻剧讲述了一个颇具启示录意味的故事：罗

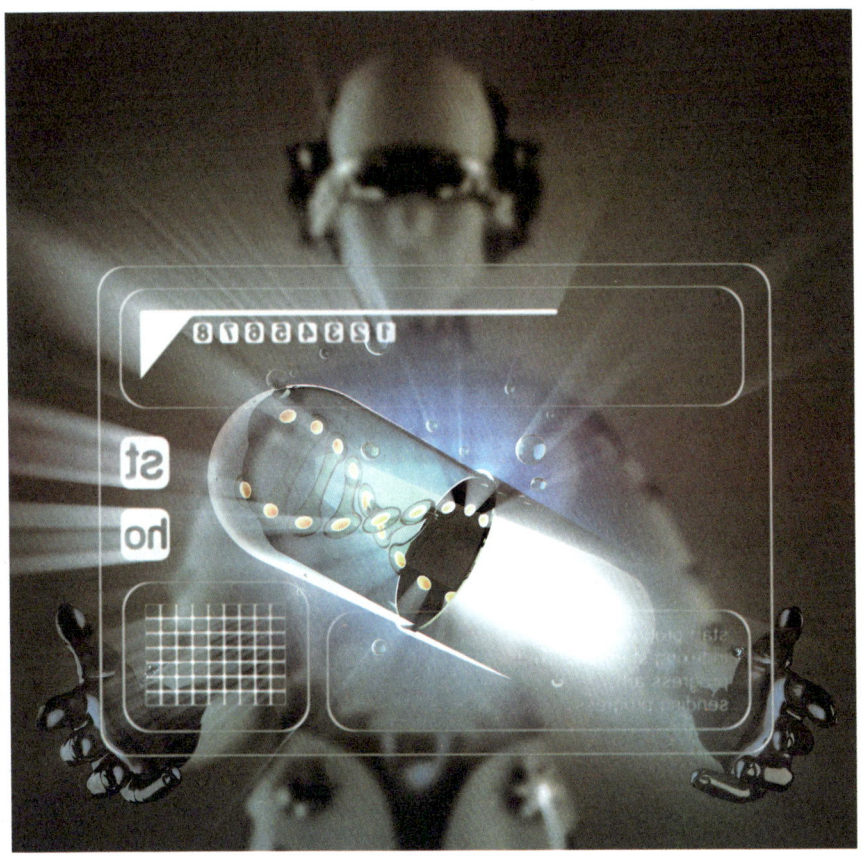

萨姆万能机器人公司制造了大量机器人奴隶，它们具有和人类一样的外表，但是没有灵魂，它们机械地从事着繁重的劳动。在理想主义者海伦娜和其他人的帮助下，机器人逐渐产生了情感，与此同时人类的生育率持续下降。获得了灵魂的机器人逐渐对自己的地位心生不满，终于有一天爆发了机器人起义，人类被屠戮殆尽，只剩下了罗萨姆公司的员工阿尔奎斯特，因为他像机器人一样用自己的双手劳作。

统治了世界的机器人痛苦地发现，由于技术资料已经被人

类焚毁，它们无法繁殖后代。它们请求阿尔奎斯特制造机器
人，并自愿充当试验材料。一个又一个的机器人在试验台上惨
叫着被肢解，可是，能力有限的阿尔奎斯特没能成为它们的上
帝。在这绝望的时候，有一对男女机器人进化出了人类最伟大
的情感，就是爱。于是，新的亚当和夏娃诞生了，世界才得以
延续。

《大都会》的机器人首秀

　　《大都会》是由美国导演弗里茨·朗在1927年执导的无声
电影，是第一部堪称经典的科幻大片。这部电影将场景设置在
2026年一个反乌托邦的城市中。影片角色中有一个类人女性机
器人，这是机器人第一次出现在大银幕上。

　　这部影片塑造了众多流传至今的机器人形象，如生动可爱

的鼹鼠，嚣张跋扈的征税者，始终立于不败之地、身份模糊的敌人。这些怪诞的机器人是科幻电影史的一块丰碑，也是后来科幻电影中机器人的雏形，如《银翼杀手》中的复制人、《人工智能》中的机器人男孩大卫等。

机器人学的三大法则

在1942年，美国科幻作家艾萨克·阿西莫夫发表了作品《环舞》，其中的一个短篇第一次明确提出了"机器人三定律"：

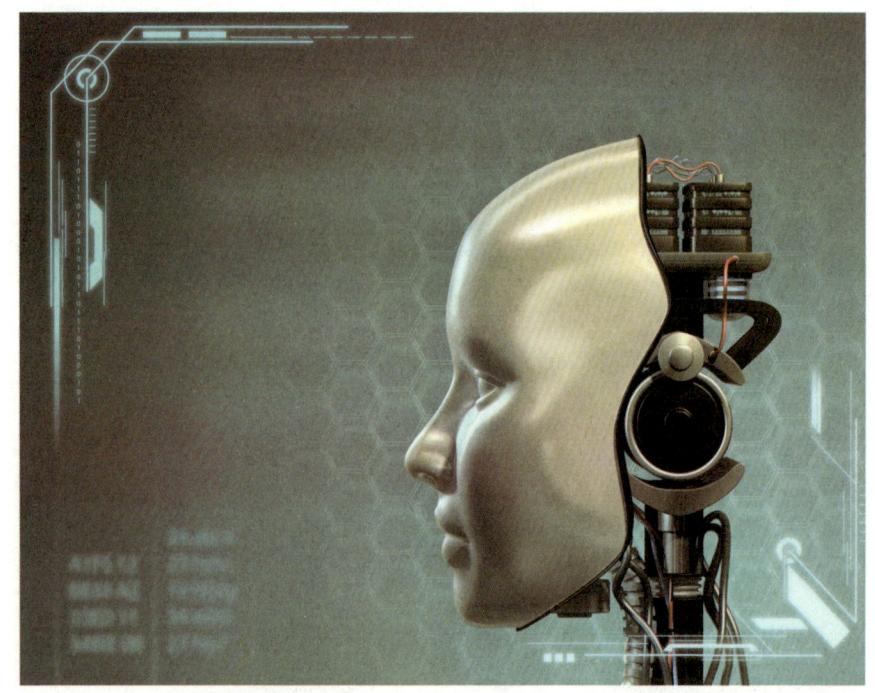

机器人不得伤害人类，或坐视人类受到伤害。

除非违背第一法则，机器人必须服从人类的命令。

在不违背第一及第二法则下，机器人必须保护自己。

"机器人三定律"成为了他的很多小说中机器人的行为准则和故事发展的线索。小说中的机器人被设计为遵守这些准则，违反准则会导致自身受到不可恢复的心理损坏。但是在某些场合，这样的损坏是不可避免的。当有两个人互相造成伤害时，机器人不能任人受到伤害而无所作为，然而这会造成对另一个人的伤害，所以这造成了机器人的自毁。

控制论的诞生

美国数学家诺伯特·维纳于1948年发表了《控制论：或关于在动物和机器中控制和通信的科学》一书，这是实用机器人

领域具有开创意义的著作。这本著作揭示了机器中的通信和控制机能与人的神经、感觉机能的共同规律，为现代科学技术研究提供了崭新的科学方法。

现代社会的许多新概念和新技术都与控制论有着密切联系。控制论是自动控制、电子技术、无线电通讯、计算机技术、神经生理学、数理逻辑、语言等多种学科相互渗透的产物，它以各类系统所共同具有的通讯和控制方面的特征为研究对象。

不论是机器还是生物体，甚或是社会，尽管各属不同性质的系统，但都是根据周围环境的某些变化来调整和决定自己的运动的。

机器人生产线诞生

在1954年，工业机器人先驱乔治·德沃尔创造了世界上第一台可编程的机器人"尤尼梅特"，又叫"万能生产者"，这是世界上最早的实用机器人。它在1961年被投入通用汽车公司的一条汽车装配生产线正式开始工作。

尤尼梅特的外形有点像坦克炮塔，基座上有一个大机械臂，可以绕轴在基座上转动，而大机械臂上又伸出一个小机械臂，可以伸出或缩回。

小机械臂顶上有一个腕子，可以绕小臂转动，进行俯仰或侧摇。腕子的前头是手，即操作器。这种机器人的功能和人手臂的功能相似，可以用于搬运、拼装、点焊、喷漆等。

计算机辅助制造

计算机辅助制造是指在机械制造业中，利用电子数字计算机通过各种数值控制机床和设备，自动完成离散产品的加工、装配 、检测和包装等制造过程，简称cam。

在1952年，美国麻省理工学院首先研制成数控铣床，数控的特征是由编码在穿孔纸带上的程序指令来控制机床。该学院的伺服机构实验室于1959年向世人展示了计算机辅助制造，一台铣床机器人为每位与会者制造了一个纪念烟灰缸。

电影里发疯的AI机器

那是在1968年，斯坦利·库布里克的电影作品《2001太空漫游》里出现了一台AI机器人HAL9000，即人工智能电脑哈儿，它负责维持太空船的所有活动，后来发疯杀了宇航员。电影塑造的这个角色，反映了人类对智能机器力量越来越强大的担忧。

在前往土星途中，哈儿警告太空船通信系统的组件发生故障，然后普尔搭乘分离舱去换掉了组件。可是，鲍曼对替换下来的组件进行测试后，却没有发现任何错误。普尔和鲍曼发讯息回地球，被总部告知哈儿有些不对劲，并下令将它关机，但是，这些指示因通讯不良而被打断了。

然后，哈儿再次警告通信系统组件发生了故障。当普尔又去带回损坏的组件时，分离舱突然飞向他，把他撞死了。鲍曼非常震惊和哀伤，但是他并不确定是哈儿杀了普尔，所以他决定唤醒其他三位冬眠的宇航员。

鲍曼与哈儿开始了一段争论，因为哈儿拒绝服从鲍曼的命令并认为他没有这种权力。当鲍曼威胁哈儿要切断它的电源时，哈儿突然变得温和并让他手动控制解除冬眠。

正当鲍曼进行唤醒操作的时候，哈儿却突然打开了船舱，破坏了船内的气压。鲍曼赶紧逃进一个紧急房间，里面有氧气供给设备和宇航服。他穿上宇航服再次回到了太空船，发现哈儿已经杀害了冬眠的宇航员。于是，他赶到控制室拼尽全力拔除了哈儿的芯片。

有视觉的机器人沙基

在1968年，美国斯坦福研究所公布了他们研发成功的机器人Shakey，译为沙基，它是世界上第一台采用了人工智能学的移动机器人，从此拉开了第三代机器人研发的序幕。

沙基具备一定的人工智能，能够自主进行感知、环境建模、行为规划并执行任务，如寻找木箱并将其推到指定的位置等。它装备了电视摄像机、三角法测距仪、碰撞传感器、驱动电机以及编码器，并通过无线通讯系统由两台计算机控制。当时计算机的体积十分庞大，有一个房间那么大，而且运算速度缓慢，这导致沙基往往需要数小时的时间来分析环境并规划行动路径。

斯坦福大学小推车

斯坦福小推车诞生于1979年的美国斯坦福大学，它是世界上第一辆具有视觉能力而且能够自动导航的移动机器人，尽管它的行进速度非常缓慢。

斯坦福小推车是一辆远程控制的配备电视的四轮式机器人，摄像头就是它的眼睛，它能通过车载电视系统的图像辨识周围的环境，并通过分析行动路线进行计算机编程，从而自主地通过杂乱的空间。例如，它能够在一个满是椅子的房间里绕开障碍物后继续行进。

但丁机器人:火山探险

1994年元旦，一台名为但丁的机器人试图爬进南极洲的埃里伯斯火山口。当它下爬8米后，由于光学纤维通信电缆的断裂，实验便被迫取消了。

此后，在美国卡内基梅隆大学的机器人设计组把这个机器人改造成了但丁二号。这是一台高达2.4米，有8条腿的外形似蜘蛛的奇妙装置，能够自动地选择部分行进路线。

后来，研究人员在美国远程操控，让但丁二号爬进了斯珀尔山火山口内180米的深处，并完成测量喷气孔处的温度等科学任务。这一具有里程碑意义的行动，开辟了机器人探索危险

环境的新纪元。

红色火星的探路者

1996年12月4日，美国发射了火星"探路者"号探测器，并于1997年07月04日在火星表面成功着陆。它所携带的"索杰纳"号火星车，是人类送往火星的第一部火星车。

"索杰纳"号火星车是一个6轮的小型机器人，重约10.4千克，仅有一个微波炉大小。它具有人工智能，以太阳能为动力，行驶速度约每分钟0.6米，犹如蜗牛般缓慢。"索杰纳"号火星车探索了自己着陆点附近的区域，并在之后的三个月中拍摄了550张照片。

会说话的菲比精灵

1998年，一股奇特的风潮横扫了整个美国。一款名为菲比精灵的玩具成为当时孩子们的最爱，它在上市后立刻成为全球排名前十的玩具之一。

菲比精灵和一般的宠物一样，很喜欢主人给它挠痒痒。在菲比精灵柔软的外表下藏着五个触摸感应器，挠它的头顶、后背、胃或者尾巴会让它大笑，它的眼神表情也会随之改变。你还可以拉它尾巴、摇晃它或是上下颠倒，它都会有不同的反应，十分有趣。

只要你经常和菲比精灵互动玩耍，你的表现将会影响它的逻辑和反应。如果你对它非常有礼貌，它的反应很可能是快乐的咕咕叫或者流露出快乐的眼神。如果你粗鲁地对待它，它会变得有些讨人厌，也许会忽视你，或者是休眠，直到你对它温和为止。

菲比精灵的说话声音就和小精灵似的，母语为菲比语。不过，随着时间的推移，它可以通过和人类的交流而渐渐学会中文和英文两种语言。如果你希望菲比精灵会说更多的中文，那就一定要记得多和它谈话，多让它听，久而久之，它就能够说出更多的中文了。

索尼"爱宝"机器狗

AIBO翻译为"爱宝"，是Artificial Intelligence Robot即"人工智能机器人"的缩写。爱宝机器狗是索尼公司于1999年推出的电子机器宠物，它能够自由地在房间里走动，并且能够对有限的一组命令做出反应。

爱宝机器狗大致有五代机型，每一代的外形都大不一样。它的每次出现都让科技产品爱好者一见倾心。爱宝机器狗的发明不仅代表了一种宠物机器人的诞生，更重要的是它融合了人工智能的科技，引领了生活娱乐型机器人的发展方向。

阿西莫类人机器人

那是在2000年，由日本本田公司研制的人形机器人"阿西莫"走上了舞台，它身高1.3米，体重54千克，能够以接近人类的姿态走路和奔跑。它是当时世界上最先进的类人机器人和唯一具备人类双足行走能力的机器人。

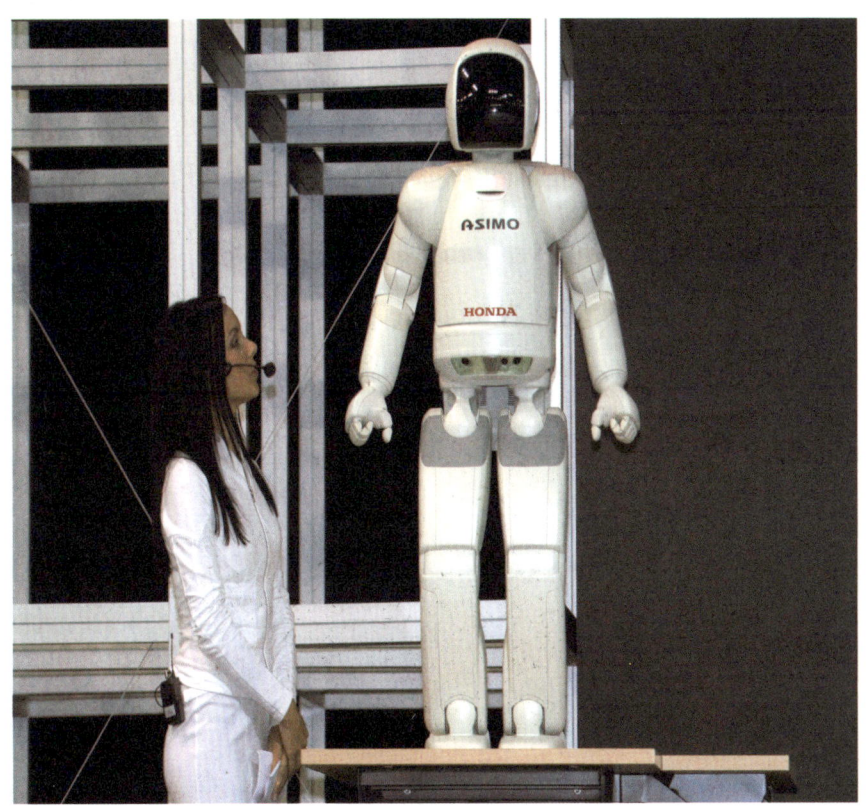

阿西莫已经拥有了漫步、上茶、指挥交响乐等能力，而且它还可以洞察人类的心思。它的设计初衷就是为人类服务，然而它彬彬有礼的行为和学习能力，也意味着有朝一日它可能会控制世界。

定时智能清洁工

美国iRobot公司于2002年发布了Roomba吸尘器机器人，这是全球第一款家用清洁机器人。后来，iRobot公司又相继改进研发了数代产品。Roomba 560就是iRobot公司研制的第五代机器人，它是一种定时智能机器人，其功能获得了极大的改进，性能也更加可靠。

在Roomba 560身上装有定时清扫时间的设置按钮，可以设定每天或每周任何时间的自动清扫任务。它身上还装有多个感应器，这就避免了它掉落楼梯的危险。它也可以沿着墙根工作

或钻到家具底下去，把这些隐蔽地方的灰尘一网打尽。它懂得自动侦测地板表面的情况，从地毯到硬地面，或者从硬地面到地毯，它都会自动调整清扫模式。

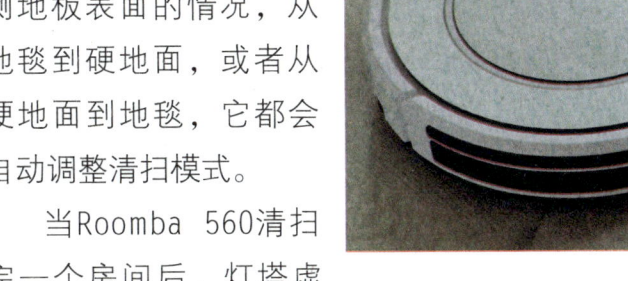

当Roomba 560清扫完一个房间后，灯塔虚拟墙会自动引导它到另外一个房间进行清扫。而且，在它的电池即将耗尽时或者任务完成以后，它能够自动回到充电基站去充电。

登陆火星的"双胞胎"

在2003年，美国宇航局先后向火星发射了两部火星车，它们是分别被称为"勇气号"和"机遇号"的一对双胞胎探测器。

"勇气号"火星车长1.6米、宽2.3米、高1.5米，重174千克，于2004年1月3日在火星着陆。它的"大脑"是一台每秒能执行约2000万条指令的计算机，它的"颈"和"头"是火星车上伸出的一个桅杆式结构，上面装有一对可以拍摄火星表面全景照片的彩色照相机作为"眼睛"。

"勇气号"以6个轮子为"腿"，依靠餐桌大小的太阳能电池板获得能源，在理想情况下，它每天可以在火星上漫步20米。它还能够伸出"手臂"来对需要探测的目标进行考察。

它的"手臂"和人类手臂的结构类似，能够灵活地伸展、弯曲和转动，并且还带有显微镜成像仪、穆斯鲍尔分光计等多种工具。

"勇气号"的姐妹"机遇号"也是一个6轮的太阳能动力车，只是它比"勇气号"重了6千克，它于2004年1月25日成功登陆火星。按照设计，这对双胞胎机器人在火星上的工作时间为三个月，然而出人意料的是，良好的健康状况使它们执行了更久的勘测任务。

谷歌无人驾驶汽车

在2005年的美国第二届无人驾驶机器人挑战赛中，由谷歌公司研发的全自动无人驾驶汽车在沙漠中行驶超过212千米，一举夺得了冠军。这种无人驾驶汽车不需要司机就能够自主启动、行驶以及停止，它通过摄像机、雷达传感器和激光测距仪

来"看到"其他车辆，并且使用详细的地图来进行导航。

在2012年，美国内华达州机动车辆管理处为谷歌公司的一辆无人驾驶汽车颁发了一张合法的红色车牌，这是世界上第一张无人驾驶汽车牌照。后来，这辆无人驾驶汽车累计行驶了数十万千米，而且没有造成任何事故。

仿人太空机器人

在2011年2月25日，美国"发现号"航天飞机携带人类首个太空机器人"Robonaut 2"进入了国际空间站。"Robonaut 2"，也叫人形机器人助手Robonaut 2，昵称R2，是太空中首个模拟人类的灵活性机器人，也是美国为空间站建造的第一款机器人。

R2主要由铝合金和非金属材料构成，其重量为149.6千克，从腰部至头部高1.01米。它有类似人类的手指和柔软的手掌，能够抓住并抱起物体。如果它接触到程序设计之外的物体，如宇航员的头部，或者遭到猛烈的撞击，它就会立即停止活动。并且，它的活动范围也接近于人类，可以执行对人类宇航员来说比较危险的任务。

情感交流机器人

日本软银公司于2015年6月发售了一款类人机器人"Pepper"，译为"佩珀"。它身高1.21米，体重28千克，外形圆润，有一双洋娃娃般的大眼睛，再加上胸前10.1寸的平板显示屏，它的形象更是憨厚可爱。

与传统机器人不同的是，"佩珀"是世界上第一款有情感的机器人。它的声音与男孩相仿，是用轮子代替双脚行动，同时通过云计算分享仿生数据。它的"感情识别功能"可以通过分析人的表情和声调，推测出情感，可以与人们对话和唱歌跳舞，还可以通过各种接触，加深对对方的了解并采取行动。

机器人的商业化突破

全球机器人市场的规模在不断地扩大，根据国际机器人联合会统计，在2006至2015年间，全球工业机器人销量年均增速约为14%，2015年的全球工业机器人销量超过了24万台。

2014年，中国、韩国、日本、美国和德国五大市场的销量占全球工业机器人总销量的75%左右。2014年全球专用服务机器人的销量为2.4万台，较2013年同比增长11.5%；销售额达到了37.7亿美元，较2013年同比增长3%。2014年全球家用服务机器人销量约为470万台，较2013年同比增长28%；销售额达到了22亿美元。

拓 展 阅 读

2016年5月初，瑞士日内瓦机场一号航站楼试验了一种机器人托运行李的服务，并收获好评。这个名叫Leo的机器人一次最多能运送两个行李箱，最大载重量32千克，它能全自动运行并避让障碍物。

机器人的未来方向

　　人们对机器人的未来充满了幻想，但是，很难说哪些幻想会在哪个时间变成现实。社会的需求是任何高科技发展的原动力，机器人技术也不例外。这里，我们仅仅对机器人可能的发展方向作一个简单介绍。

　　机器人的应用领域将不断扩大。随着机器人的广泛应用，不仅可以大大提高生产的自动化程度，而且将不可避免地改

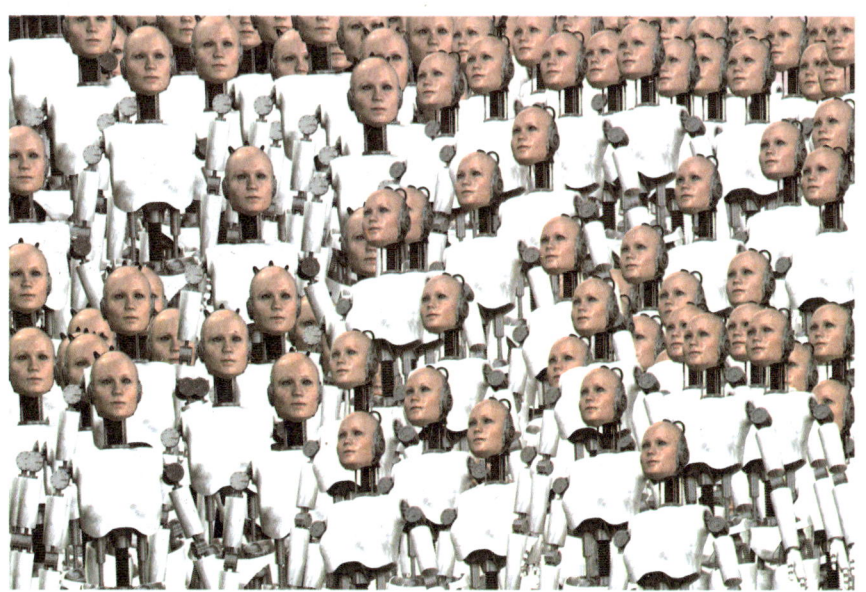

变人的工作方式。在现代的自动化系统中，尤其是大量的刚性自动化系统中，加入了柔性的机器人技术，其结果不仅仅增加了生产线的柔性，还将改变自动化系统结构。

生产者将会面临一种全新的工作对象和方式。在工业产品迅速更新换代、产品生命周期变得越来越短的情况下，人们要求生产线也能迅速廉价地变更，机器人技术将在"可重构"生产线中发挥更大作用。机器人在非制造业的应用也已初见端倪，在非结构环境中使用带有一定智能的机器人的现象在以后将会大量涌现出来。

大量出现的服务机器人就是很好的证明，其内涵正在不断扩大，新品种将陆续出现。各种意想不到用途的机器人将加入到机器人的家族队伍，如机器人警卫可以代替人执行特殊位置的警卫和一定

范围的巡逻，防暴机器人可以帮助人制服恐怖分子等。可以想象，在服务机器人的队伍中将会不断地派生出新类型的机器人。

　　天空与深海也是机器人潜在的应用发展领域。随着人类征服宇宙的进展，航天机器人会更加被重视。虽然与陆地上的机器人比较起来，航天机器人的花费较多、用处较小，但其对人类征服宇宙的帮助很大。

　　海洋开发，特别是深海资源的开发，一直是人类梦寐以求的。科学家正在努力攻克技术难题，提高机器人深海勘测与开发的能力，水下机器人也会有更多的类型出现。

　　机器人将发展成为网络系统的一部分，机器人的应用是作为系统的一员出现的。机器人必须改变过去的"部件发展方式"，要更多地考虑"系统发展方式"。

从系统观点出发，机器人仅仅是系统中的一个单元，必须考虑和其他设备互联的方式、手段和协调能力。因此，应用环境的变化，使得机器人技术也跟着相应发展。

一般机器人就是应用在作为一个系统的环境之中，计算机网络技术的发展，必将使机器人的控制系统产生很大的变化。机器人的控制系统与网上其他成员的交互与协作能力、信息和数据的获取与共享、机器人与人交互界面等都将随之改变。

利用网络，机器人可以被人远程控制进行工作。例如，2001年9月7日，身在美国纽约的外科医生雅克·马雷斯科，为一位躺在法国东北部一座城市的68岁女患者成功地用机器人做了胆囊摘除手术，两地相距7000千米。医学界认为这是外科手术史上的一次革命。

更为先进的机器人将层出不穷。由于对机器人研究的深入

和扩展，机器人学已经发展成为了一门独立科学。机器人技术的发展从应用的角度看，会越来越方便使用，变得越来越简单和可靠。

20世纪90年代以来，机器人价格已有明显下降。更重要的是，机器人的结构与控制系统取得了突破性的进步。在机器人的机械结构设计方面，随着应用领域的不同，已出现各种不同的结构。此外，科学家们也一直在使机器人的自身重量变轻，而同时使其持重的能力变强。

由于科技的进步，微型机器人和微操作机器人已经诞生，并势不可挡地开始走向实用。让微型机器人进入人体内的血管、心脏或消化系统进行手术治疗的技术，有些已经实现。大量的"机器间谍"也已经在军事上广泛应用了。

随着智能机器人智能的提高，对机器人各种功能的发挥至关重要，科学家们多年来一直从各个角度寻找增加机器人智能的办法。虽然这个进展有些缓慢，然而随着微电子技术、材料科学和人工智能研究的突破，更高智能的机器人便逐一出现了。

美国著名的科普作家阿西莫夫曾设想机器人具有这样的数学天赋："能像小学生背乘法口诀一样来心算三重积分，做张量分析题如同吃点心一样轻巧"。不过，当量子、生物等计算机和纳米机器人研制成功后，阿西莫夫的设想就会显得过于简单了。

从工业机器人到家政机器人、娱乐机器人等，我们不难看出，机器人技术正朝着四个方向大步前进：感官功能越来越丰富、制作成本越来越低廉、设计编程越来越简化，以及使用起来越来越安全。机器人很快就会成为我们生产、生活中不可或缺的伙伴，它也必将为人类文明作出新的巨大的贡献。

拓 展 阅 读

超级机器人未来或将被用于空间站的建设和太空开发。据悉，该机器人可以不做任何防护措施进行太空行走，并进行不同种类的作业，而它的操纵者则可以安全地留在空间站内。

操作控制型机器人

　　操作控制型机器人能够进行自动控制，可以被重复编程，而且具备多种功能。它拥有多个自由度，可以固定或运动，主要应用于相关自动化系统中。

　　中央处理器，即CPU，它的每个功能部件都具有特定的功能。然而，信息怎样才能够在各部件之间传送呢？也就是说，数据的流动是由什么部件控制的呢？

　　我们通常把许多数字部件之间传送信息的通路称为"数据通路"。信息从什么地方开始，中间经过哪个寄存器或多路开关，最后传到哪个寄存器，都要加以控制。而在各寄存器之间建立数据通路的任务，是由称为"操作控制器"的部件来完成的。

　　操作控制器是CPU控制器的5个组成部分之一，用来产生各种操作控制信号。其中的控制逻辑，主要有节拍脉冲发生器、控制矩阵、时钟脉冲发生器、复位电路和启停电路等。而常用的控制方式则有以下三种：

同步控制方式

任何指令的运行或指令中各个微操作的执行，均由确定的，具有统一基准时标的时序信号所控制。即所有的操作均由统一的时钟控制，在标准时间内完成。

异步控制方式

没有统一的同步信号，采用问答方式进行时序协调，将前一操作的回答作为下一操作的启动信号。

联合控制方式

将同步控制和异步控制相结合。其通常设计思想为：在功能部件内部采用同步方式或以同步方式为主的控制方式；在功能部件间采用异步方式。

操作控制器的功能是根据指令操作码和时序信号，产生各

种操作控制信号，以便正确地建立数据通路，从而完成听取指令和执行指令的控制。这个指令执行的基本过程是：

一是听取指令。根据指令地址从存储器中取出所要执行指令。

二是分析指令。译码分析确定指令应完成的操作，产生相应操作的控制电位，去参与形成该指令功能所需要的全部控制命令。根据寻址方式的分析和指令功能要求，形成操作数的有效地址，并按此地址取出运算型指令或形成转移类指令，以实现程序转移。

三是执行指令。即根据指令分析所产生的操作控制信号和形成的有效地址，按一定算法形成指令控制序列，控制有关部件完成指令规定的功能。

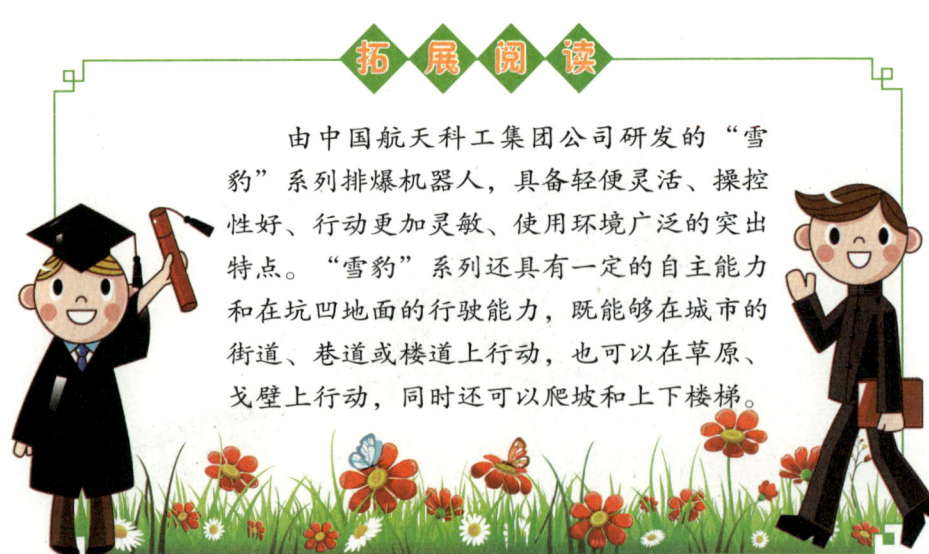

拓 展 阅 读

由中国航天科工集团公司研发的"雪豹"系列排爆机器人，具备轻便灵活、操控性好、行动更加灵敏、使用环境广泛的突出特点。"雪豹"系列还具有一定的自主能力和在坑凹地面的行驶能力，既能够在城市的街道、巷道或楼道上行动，也可以在草原、戈壁上行动，同时还可以爬坡和上下楼梯。

程序控制型机器人

程序控制机器人是指按照事先设定的程序，包括顺序、条件及位置等，而逐步进行动作的机器人，简称程控机器人。程控机器人控制简单，造价低廉，广泛应用于控制各种生产和工艺加工过程。程控机器人有固定程控机器人和可变程控机器人两种：

固定程控机器人

是采用限位开关、凸轮和挡块等设有固定工作程序的机器人。通常由逻辑控制装置向所规定的轴发出动作指令信号，轴接受指令开始动作，直到该轴限位开关动作后停止，同时给出下一步的动作指令，直至完成一个完整的作业过程。这种固定程序

设定方式只能简单地实现两个端点的定位或根据挡块的设定调节，有选择地实现特定点的定位，改变程序较难。

可变程控机器人

是为了增强程控机器人的柔性，研制出可用矩阵插销板、步进选线器、顺序转鼓等改变工作程序的机器人。当机器人的作业内容改变时，只要改变程序就可适应新的作业。随着微电子技术的发展，出现了采用可编程控制器或单板机的可编程控机器人。

程序控制一般使用在计算机领域，是CPU中的一种控制方法。理论和实践证明，无论多复杂的算法均可通过顺序、选择、循环三种基本控制结构构造出来。每种结构仅有一个入口和出口。由这三种基本结构组成的多层嵌套程序称为结构化程序。所谓顺序结构程序就是指按语句出现的先后顺序执行的程序结构，是结构化程序中最简单的结构。

在完成外设数据的输入输出中，整个输入输出过程是在CPU执行程序的控制下完成的。这种方式分为以下

两种情况：

一是无条件传送。在此情况下，外设总是准备好的，它可以无条件地随时接收CPU发来的输出数据，也能够无条件地随时向CPU提供需要输入的数据。

二是程序查询方式。在这种方式下，利用查询方式进行输入输出，就是CPU通过执行程序查询外设的状态，判断外设是否准备好接收数据或向CPU输入数据。根据这种状态，CPU有针对性地为外设的输入输出服务。

程序控制主要包括三类：转移指令、程序调用和返回指令，循环控制指令。其中，前两类指令在一般计算机中是必备的。最后一类指令用于对循环程序进行优化。

程序控制指令也称转移指令。执行程序时，有时机器执行到某条指令时，出现了几种不同结果，这时机器必须执行一条转移指令，根据不同结果进行转移，从而改变程序原来执行的顺序。这种转移指令称为条件转移指令。

除了各种条件转移指令外，还有无条件转移指令、转子程序指令、返回主程序指令、中断返回指令等。转移指令的转移地址一般采用直接寻址和相对寻址方式来确定。

常见的控制设备是可编程逻辑控制器，即PLC。PLC读取许多模拟或数字的输入，内部程序会根据输入产生模拟或数位的输出。如果是更大或更复杂的系统，可能会由分布式控制系统或数据采集监视控制系统来进行控制。

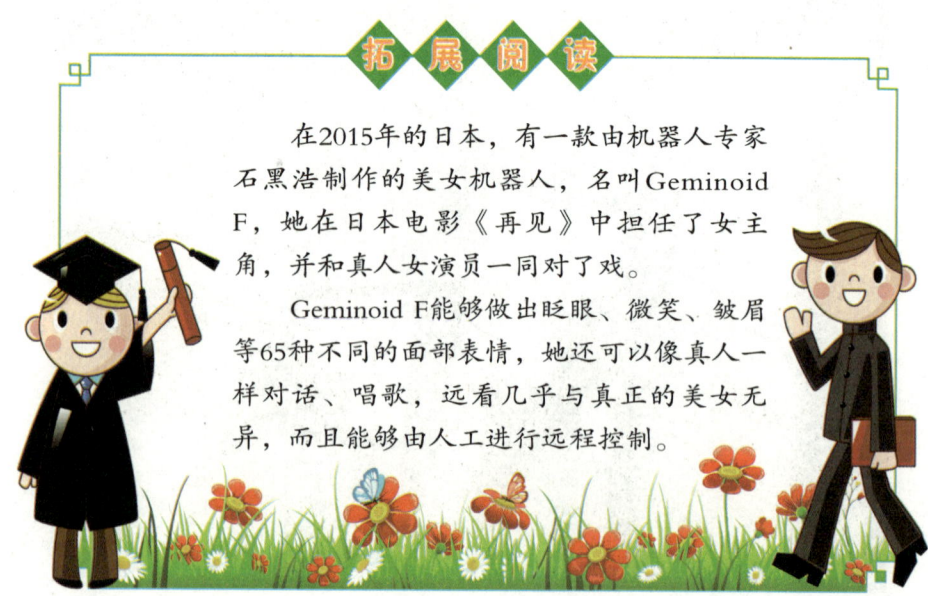

拓 展 阅 读

在2015年的日本，有一款由机器人专家石黑浩制作的美女机器人，名叫Geminoid F，她在日本电影《再见》中担任了女主角，并和真人女演员一同对了戏。

Geminoid F能够做出眨眼、微笑、皱眉等65种不同的面部表情，她还可以像真人一样对话、唱歌，远看几乎与真正的美女无异，而且能够由人工进行远程控制。

数字控制型机器人

数字控制系统是用代表加工顺序、加工方式和加工参数的数字码作为控制指令的系统，简称数控系统。数控型机器人通常配备专用的电子计算机，反映加工工艺和操作步骤的加工信息用数字代码预先记录在穿孔带、穿孔卡、磁带或磁盘上。

数控系统的组成

数控系统由信息载体、数控装置、伺服系统和受控设备组成。信息载体采用纸带、磁卡等，用以存放加工参数、动作顺序、行程和速度等加工信息。数控装置又称插补器，根据输入

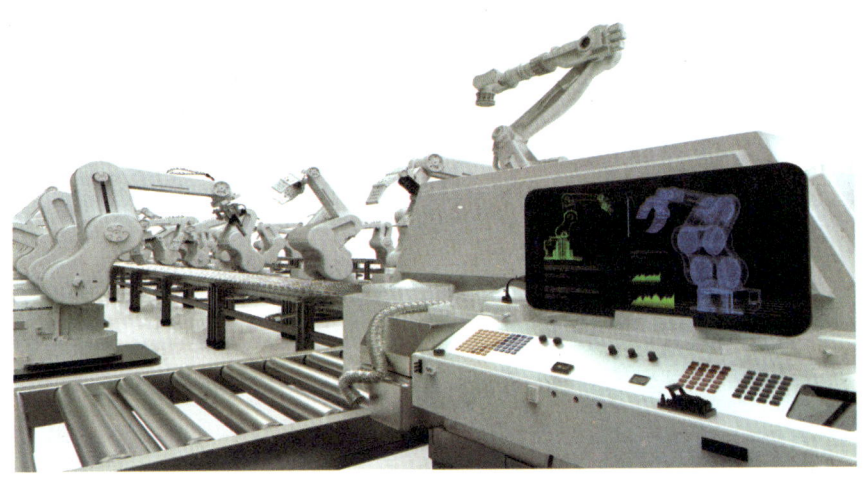

的加工信息发出脉冲序列。每一个脉冲代表一个位移增量。

实际上，插补器是一台功能简单的专用计算机，也可以直接采用微型计算机。插补器输出的增量脉冲作用于相应的驱动机械或系统用来控制工作台或刀具的运动。如果采用步进电机作为驱动机械，则数控系统为开环控制。对于精密机床，需要采用闭环控制的方式，以伺服系统为驱动系统。

数控系统的分类

按照运动轨迹的不同，数控系统又分为点位控制系统、直线控制系统和轮廓控制系统三类：

一是点位控制系统。只控制加工点的准确定位。在变换加工点时对运动轨迹无特殊要求，多用于数控钻床、冲床等。

二是直线控制系统。不仅控制加工点的起始坐标，而且控制刀具或工作台沿直线方向的加工行程，称为直线插补，如简易数控车床等。

三是轮廓控制系统。它是控制加工点沿零件轮廓曲线连续运动，可以加工出曲线、曲面、凸轮和锥面等复杂形状的零件。这种系统一般具有直线和圆弧两种插补功能，有时还具有抛物线或其他高次曲线插补能力。

从20世纪70年代开始，微型计算机逐渐代替了专用计算机，它可以利用编制不同的程序软件实现不同类型的控制，也可以增强系统的控制功能和灵活性，称为计算机数控系统或软线数控系统，简称CNC。

接着，计算机数控系统又发展成为用一台计算机直接管理和控制一群数控设备，称为计算机群控系统或直接数控系统，简称DNC。后来，又进一步发展成为由多台CNC与数控设备和DNC计算机组成的网络，实现了多级控制。

到了20世纪80年代时，数字控制系统则发展成将一群机床与工件、刀具、夹具和加工自动传输线相配合，由计算机统一管理和控制，构成计算机群控自动线，称为柔性制造系统，简

称FMS。

数控系统的更高阶段，是向机械制造工业设计和制造一体化发展，将计算机辅助设计与计算机辅助制造相结合，实现产品设计与制造过程的完整自动化系统。

数控系统的使用降低了机器人的成本，提高了作业精度和工作效率。系统在工作时，读数机构依次将代码送入计算机并转换成相应形式的电脉冲，用以控制工作机械按照顺序完成各项加工过程。这样的系统特别适合工艺复杂的单件或小批量的生产，它广泛用于工具制造、机械加工、汽车制造和造船工业等。

拓 展 阅 读

韩国东部机器人公司研制出一种可以跟随少女时代《Gee》的音乐节拍模仿出同样动作的机器人。它是在智能机器人"HOVIS Eco"的基础上设计开发出可拆卸并植入韩流明星样子的"K-POP明星"机器人。它有20多个关节，并且每个关节都配有高性能发动机，在播放相似的音乐碟片时，它能够像3D人物一样灵活自由地做出各种动作。

示教再现型机器人

　　示教再现，简称T/P，是能够重复再现通过示教编程而存储起来的作业程序，是用自动化机械代替人工作业的最直接方法。由于示教再现型机器人的编程是通过实时在线示教程序来实现，而机器人本身是凭记忆操作，所以能够不断地重复再现。

　　"示教编程"是指通过一定方式完成程序的编制：由人工

导引机器人末端执行器，安装于机器人关节结构末端的夹持器、工具、焊枪、喷枪等，或者由人工操作导引机械模拟装置，或用示教盒，即与控制系统相连接的一种手持装置，用以对机器人进行编程或使之运动，来使机器人完成预期的动作；任务程序为一组运动及辅助功能的指令，用以确定机器人特定的预期作业，这类程序通常由用户编制。

　　示教再现型机器人的基本结构，是由机器人本体、执行机构、控制系统、示教盒等部分组成。机器人本体一般采用直角

坐标型、圆柱坐标型、极坐标型或多关节型。多关节型机器人本体占地面积小，动作范围大，空间速度快，灵活性和通用性好，已经成为机器人机械结构的主流。机器人的执行机构则由液动逐步向全电动发展。

示教再现机器人的控制系统的主要功能有：对外部环境的检测、感觉功能；对作业知识的记忆功能；位置控制及加减速控制功能；反复动作指定功能；有条件无条件跳转功能；对外部设备的控制功能等。这些功能一般是通过微处理机系统的软硬件巧妙结合来实现的，控制方式主要有点位控制和连续轨迹控制两种。

自20世纪50年代末至90年代，世界上应用的工业机器人大多是示教再现型工业机器人，即第一代机器人。我国在"七五"攻关和"八五"期间研发的很多工业机器人，就属于第一代机器人。

在20世纪80年代之前，以人工导引末端执行器和机械模拟装置两种示教方式居多。在点位控制和不需要很精确路径控制的场合，用这两种示教方式可以降低成本。

20世纪80到90年代生产的工业机器人一般具有人工导引和示教盒示教两种功能。采用示教盒示教可以大大提高控制精度，并能够控制机器人的速度，而且免除了人工导引的繁重操作。

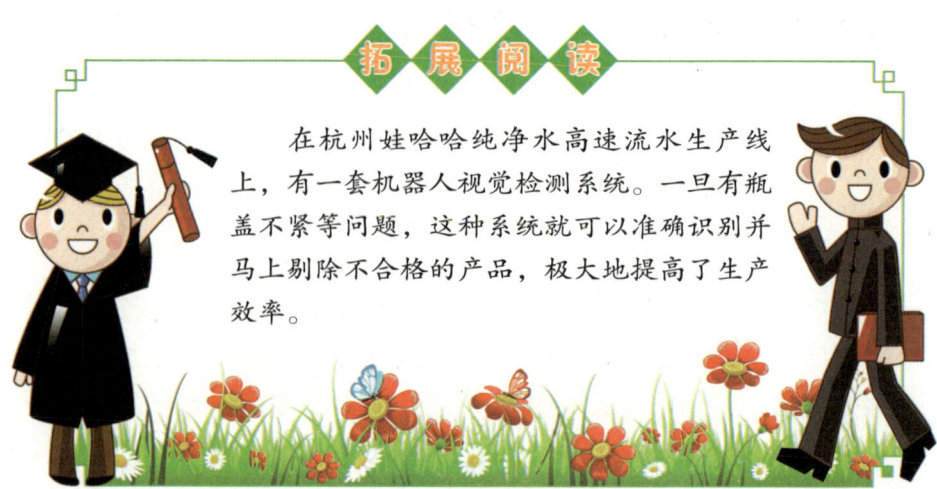

拓展阅读

在杭州娃哈哈纯净水高速流水生产线上，有一套机器人视觉检测系统。一旦有瓶盖不紧等问题，这种系统就可以准确识别并马上剔除不合格的产品，极大地提高了生产效率。

传感控制型机器人

　　传感控制是指利用传感信息，进行传感信息处理、实现控制与操作的能力。传感控制型机器人具备类似人类的知觉功能和反应能力，其中起到关键作用的是传感器。

　　传感器是一种检测装置，能感受到被测量的信息，并能将感受的信息按一定规律变换成为电信号或其他所需形式的信息输出，以满足信息的传输、处理、存储、显示、记录和控制等

要求。它的特点是微型化、数字化、智能化、多功能化、系统化和网络化。

传感器是实现自动检测和自动控制的首要环节。传感器的存在和发展，让机器人有了触觉、味觉和嗅觉等感官，慢慢变得活了起来。通常根据其基本感知功能分为热敏元件、光敏元件、气敏元件、力敏元件、磁敏元件、湿敏元件、声敏元件、放射线敏感元件、色敏元件和味敏元件等十大类。

传感器与测量仪表、变换装置等的有机组合就是传感器检测系统。这个检测系统是传感技术发展到一定阶段的产物。随着计算机技术及信息处理技术的不断发展，检测系统所涉及的内容也不断得以充实。在现代化的生产过程中，过程参数的检测都是自动进行的，即检测任务是由检测系统自动完成的，因此研究和掌握检测系统的构成及原理十分必要。

根据检测对象的不同，传感器可以分为内部传感器和外部传感器。内部传感器是用来检测机器人本身状态的，大多是为了检测位置和角度。外部传感器是用来检测机器人所处环境及状况的，包括物体识别传感器、物体探伤传感器、接近觉传感器、距离传感器、力觉传感器、听觉传感器等。

传感器检测系统中的传感器是感受被测量的大小并输出相对应的可用输出信号的器件或装置。数据传输环节用来传输数据，当检测系统的几个功能环节独立地分隔开的时候，则必须由一个地方向另一个地方传输数据，数据传输环节就是完成这种传输功能。

数据处理环节是将传感器的输出信号进行处理和变换。如对信号进行放大、运算、滤波、线性化、数模或模数转换，转换成另一种参数信号或某种标准化的统一信号等，使其输出信号便于显示和记录，也可以与计算机系统相连接，以便对测量信号进行信息处理或用于系统的自动控制。

数据显示环节将被测量信息变成人的感官能够接受的形式，以达到监视、控制或分析的目的。测量结果可以采用模拟显示，也可以采用数字显示，并可以由记录装置进行自动记录或由打印机将数据打印出来。

测量的目的是希望通过测量获取被测量的真实值。但在实际测量过程中，由于传感器本身性能不理想、测量方法不完善、受外界干扰影响及人为的疏忽等原因，都会造成被测参数的测量值与真实值的不一致，两者的不一致程度用测量误差表示。

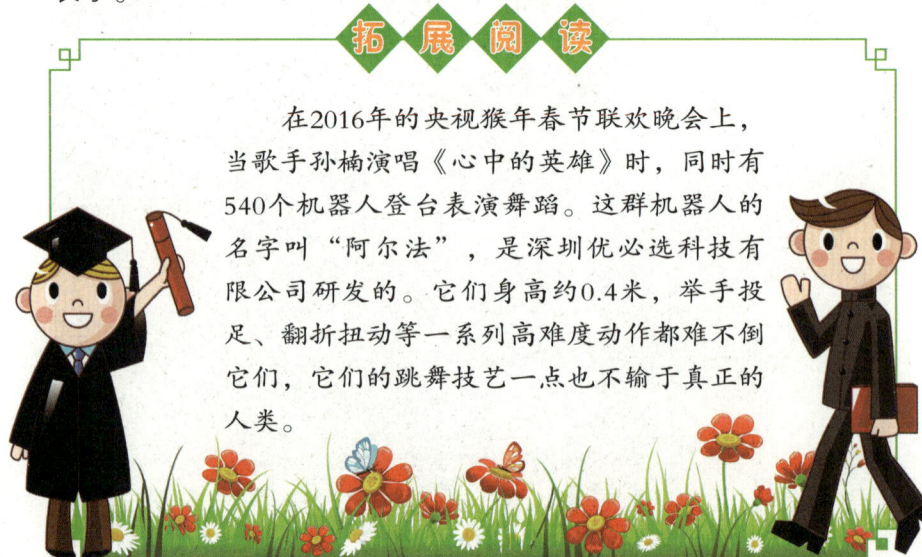

拓展阅读

在2016年的央视猴年春节联欢晚会上，当歌手孙楠演唱《心中的英雄》时，同时有540个机器人登台表演舞蹈。这群机器人的名字叫"阿尔法"，是深圳优必选科技有限公司研发的。它们身高约0.4米，举手投足、翻折扭动等一系列高难度动作都难不倒它们，它们的跳舞技艺一点也不输于真正的人类。

适应控制型机器人

适应控制系统，是能够在系统和环境的信息不完备的情况下改变自身特性来保持良好工作品质的系统，又称自适应控制系统。"自适应"一般是指系统按照环境的变化调整其自身，使自身行为在新的或者已经改变了的环境下达到最好或者是容许的特性和功能。也可以说是在没有人的干预下，随着运行环境改变而自动调节自身控制参数，以达到最优控制的系统。

　　自适应控制的研究对象是具有一定程度不确定性的系统，这里所谓的"不确定性"，是指描述被控对象及其环境的数学模型不是完全确定的，其中包含着一些未知因素和随机因素。

　　其实，任何一个实际系统都具有不同程度的不确定性，这些不确定性有时表现在系统内部，有时表现在系统的外部。从系统内部来讲，描述被控对象的数学模型的结构和参数，设计者事先并不一定能准确知道。作为外部环境对系统的影响，可以等效地用许多扰动来表示，而这些扰动通常是不可预测的。

　　此外，还有一些测量时产生的不确定因素进入系统。面对这些客观存在的各式各样的不确定性，如何设计适当的控制作用，使得某一指定的性能指标达到并保持最优或者近似最优，这就是自适应控制所要研究解决的问题。

自适应控制和常规的反馈控制和最优控制一样，也是一种基于数学模型的控制方法，所不同的只是自适应控制所依据的关于模型和扰动的先验知识比较少，需要在系统的运行过程中去不断提取有关模型的信息，使模型逐步完善。

具体地说，可以依据对象的输入输出数据，不断地辨识模型参数，这个过程称为系统的在线辨识。随着生产过程的不断进行，通过在线辨识，模型会变得越来越准确，越来越接近于实际。既然模型在不断地改进，显然，基于这种模型综合出来的控制作用也将随之不断地改进。

在这个意义下，控制系统具有一定的适应能力。比如说，当系统在设计阶段，由于对象特性的初始信息比较缺乏，系统在刚开始投入运行时可能性能不理想，但是只要经过一段时间的运行，通过在线辨识和控制以后，控制系统逐渐适应，最

终将自身调整到一个满意的工作状态。再比如说，某些控制对象，其特性可能在运行过程中要发生较大的变化，但通过在线辨识和改变控制器参数，系统也能逐渐适应。

常规的反馈控制系统对于系统内部特性的变化和外部扰动的影响都具有一定的抑制能力，但是由于控制器参数是固定的，所以当系统内部特性变化或者外部扰动的变化幅度很大时，系统的性能常常会大幅度下降，甚至是不稳定的。

所以，对那些对象特性或扰动特性变化范围很大，同时又要求经常保持高性能指标的一类系统，采取自适应控制是合适的。但是又应当指出，自适应控制比常规反馈控制更复杂，成本也高得多。因此，只有在用常规反馈达不到所期望的性能时，才会考虑采用。

拓 展 阅 读

在2005年，日本研发了一个会骑车的机器人，称为"村田顽童"。它身高约0.5米，体重约5千克，能够表演在自行车上的平衡移动和停车技术，以及做低车速行驶和保持停车不倒的动作。通过陀螺传感器，它还可以检测出水平方向的角速度和倾斜度，可以超慢速直行、自动躲避障碍物、向后倒退等。

学习控制型机器人

　　学习控制系统是靠自身的学习功能来认识控制对象和外界环境的特性，并相应地改变自身特性以改善控制性能的系统。学习控制型机器人有多种学习控制方法，比如基于感知器的学

习控制、基于小脑模型的学习控制等。这种机器人具有一定的识别、判断、记忆和自行调整的能力。它们能够"体会"工作的经验，具有一定的学习功能，并将所"学"经验用于工作中。

学习控制系统是人工智能技术应用到控制领域的一种智能控制方法，它有许多实现学习功能的方式。根据是否需要从外界获得训练信息，学习控制系统的学习方式分为以下两类：

受监视学习

这种学习方式除了一般的输入信号外，还需要从外界的监视者或监视装置获得训练信息。

所谓训练信息是用来对系统提出要求或者对系统性能作出评价的信息。如果发现不符合监视者或监视装置提出的要求，或收到不好的评价，系统就能够自行修正参数、结构或控制作用，不断地重复这种过程直至达到监视者的要求为止。当对系统提出新的要求时，系统便会重新学习。

自主学习

自主学习简称自学习，是一种不需要外界监视者的学习方式。只要规定了某种准则，其系统本身就能够通过统计估计、自我检测、自我评价和自我校正等方式不断自行调整，直至达到准则要求为止。这种学习方式实质上是一个不断进行随机尝试和不断总结经验的过程。因为没有足够的先验信息，这种学习过程往往需要较长的时间。

在实际应用中，为了达到更好的效果，受监视学习和自主

学习这两种方式经常会被结合起来。

学习控制系统按照所采用的数学方法还有不同的形式，其中最主要的有采用模式分类器的训练系统和增量学习系统。在学习控制系统的理论研究中，贝叶斯估计、随机逼近方法和随机自动机理论，都是常用的理论工具。

拓 展 阅 读

澳大利亚工程师Mark Pivac发明了一种砌砖机器人Hadrian，它可以每小时砌1000块砖，日夜工作，每年能建150幢房子。Hadrian是以著名的古罗马防御墙命名的，它将首先在澳洲西部投入商业运营，然后全澳洲，继而再推广到全球。

人工情感型机器人

情感机器人就是用人工的方法和技术赋予计算机或机器人以人类式的情感，使之具有表达、识别和理解喜乐哀怒，模仿、延伸和扩展人的情感的能力。比如，聊天机器人、性爱机器人等，已经走入了人们的日常生活之中，未来机器人的情商可能会超过许多人类。

关于情感机器人的理论就是"人工情感"理论，它有几种不同的表述方式：情感计算、人工心理和感性工学等。

情感计算的概念是在1997年由美国麻省理工学院媒体实验室Picard教授提出，她指出情感计算是与情感相关，来源于情感或能够对情感施加影响的计算。中国科学院自动化研究所的胡包刚等人也通过自己的研究，提出

了对情感计算的定义。

人工心理理论是由中国北京科技大学教授、中国人工智能学会人工心理与人工情感专业委员会主任王志良教授提出的。他指出，人工心理就是利用信息科学的手段，对人的心理活动，特别是人的情感、意志、性格、创造等方面的更全面内容的再一次通过计算机、模型算法等方法的人工机器模拟，其目的在于从心理学广义层次上研究人工情感、情绪与认知、动机与情绪的人工机器实现的问题。

感性工学就是将感性与工程结合起来的技术，是在感性科学的基础上，通过分析人类的感性，然后把人的感性需要加入到商品设计、制造中去。这是一门从工程学的角度实现能够给人类带来喜悦和满足的商品制造的技术科学。

人工情感包括三个方面：情感识别、情感表达与情感思

维。世界各国的科学家在情感识别与情感表达两个方面所取得的成果非常显著，但是在情感思维方面却收获甚微。其根本原因在于，没有一个科学家能够真正了解情感的哲学本质及客观目的是什么，没有创立一个全新的、

科学的、数学化的情感理论，没有建立一个真正的情感的数学模型。

人工智能实际上只是人工认知，它是狭义的人工智能。知、情、意是人类三种基本的思维形式，那么广义的人工智能应该包括人工认知、人工情感和人工意志三个方面，因此要想由狭义的人工智能朝向广义的人工智能发展，就必须首先解决一系列有关情感的基本理论问题：什么是情感？情感的客观目的是什么？认知与情感到底有何区别？等等。

人工情感理论存在四个方面的严重缺陷：不了解情感的哲学本质，不了解情感的主要功能，不了解情感的逻辑程序，不了解情感的数学模型。而这些深层次的理论问题是哲学、思维科学、生命科学和心理学等没能真正解决的。计算机的人工智能水平在经历了一段时间的突飞猛进之后，已经接近理论上的发展极限。

显然，情感的产生与运行是一个非常复杂的过程，情感机器人的研发必须建立在科学的情感理论的基础之上，才是现实的。我们需要一个全新的科学的情感理论做指导，从而研发真正意义上的情感机器人。

这种全新的情感理论必须突破心理学的局限，也必须突破社会科学的局限，成为一门独立的、横跨自然科学与社会科学的交叉性科学理论，其根本目的在于情感的数字化。这就是"数理情感学"，它是以"统一价值论"为理论前提，采用数理逻辑方法分析情感现象与情感规律的科学。

归纳起来，"统一价值论"与"数理情感学"主要通过以下步骤来共同完成情感机器人的理论框架：实现不同价值的统一度量、推导得出"广义价值规律"、认知情感与意志的哲学本质、建立情感和意志的数学模型、阐述情感运行和意志运行的内在逻辑程序、设立情感与意志的调控机制。

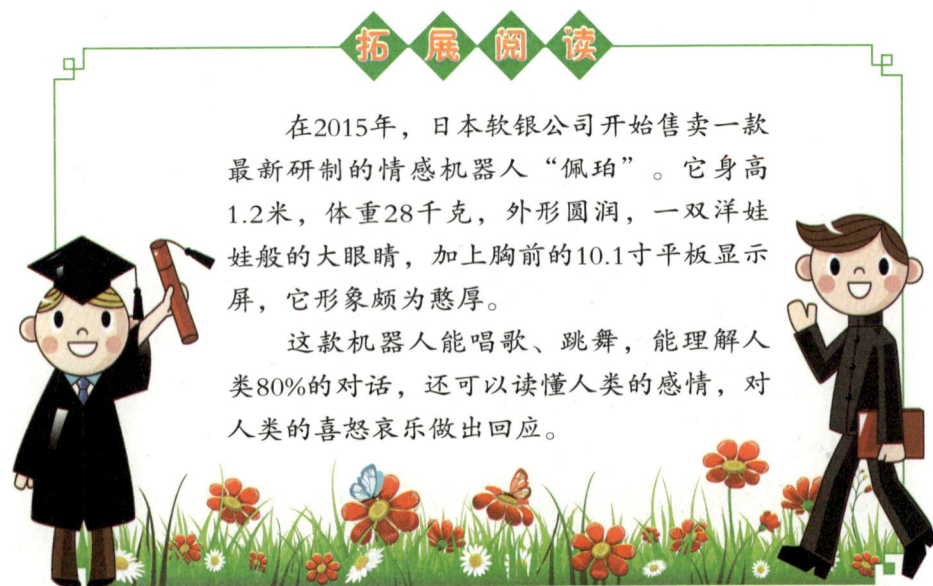

拓 展 阅 读

在2015年，日本软银公司开始售卖一款最新研制的情感机器人"佩珀"。它身高1.2米，体重28千克，外形圆润，一双洋娃娃般的大眼睛，加上胸前的10.1寸平板显示屏，它形象颇为憨厚。

这款机器人能唱歌、跳舞，能理解人类80%的对话，还可以读懂人类的感情，对人类的喜怒哀乐做出回应。

机器人的社会影响

　　机器人已经对人类社会产生了非常重大的影响，它们探索深海和遥远的星球，在手术室和战场上挽救生命，甚至出现在工厂和电影里，几乎无所不能。但是，就机器人未来的发展来说，也有来自霍金、马斯克等科学家对机器人越来越智能化的担忧。

　　机器人可以代替人类完成枯燥、重复的体力劳动。服务机器人帮助人类完成扫地、拖地等清洁工作，农业机器人可以完成耕耘、播种、施肥、除虫等工作。

　　机器人能提高生产效率，保证产品质量。汽车生产线上的机器人可以快速完成精准的焊接、精密的装配工作。这些都是人类无法达到的，这样就大大提高了汽车的生产效率和质量。

　　机器人可以帮助人类完成有

危险的工作。有些工作对人类的生命有巨大的威胁，如高温环境下的工作、有射线辐射的工作及故障炮弹的撤装等，这些工作都可以由机器人来完成。

机器人还可以拓展人类视野，为科学的发展作出巨大贡献。由于生存条件的限制，很多地方是人类无法到达的，如其他星球、深海等。由于科学发展的需要，而且人类也需要对这些地方有所了解，进而有所作为。这就需要机器人的帮助，于是就有了火山探险机器人、深海探秘机器人、空间探索机器人等，水下机器人可以完成打捞沉船、铺设电缆等工作。

机器人能够影响人类的社会关系。机器人会对人与人之间的相互关系产生一定的副作用。越来越多地依靠和使用机器人，会使人类之间面对面的交流越来越少，这会对人类的人际关系造成非常大的影响。

对于机器人的发展，以下还有一些不可忽视的、可能发生的重大影响需要人类注意。

人类未来可能毁灭于机器人

英国著名物理学家霍金曾经在一次剑桥讲座中指出，未来三百年内人工智能会急剧发展，人类必须要非常小心，因为人工智能机器人很可能会取代我们。

霍金这么说可不是在杞人忧天，而是在警醒人类人工智能所可能带来的影响有多大。他认为这一时期是人类与机器的

较量时期，如果处理不好，我们很可能被机器人取代。同时，人工智能技术还会影响到未来数千年，科技让人类生活更加便捷，但也会让我们无处生存。

地球对人类而言是唯一的希望，人类还无法在太空中繁衍，但是人工智能的机械可以。未来三百年内我们还需要殖民其他行星，打头阵的依然是机器人，美国宇航局在火星上部署的探测器、火星车全是无人机械。

霍金的观点也得到了企业家马斯克的赞同，马斯克在一次全球顶尖1000名机器人专家的会议上联名签署了一封信，希望这些机器人专家遵守道德底线，不要让人工智能机器成为未来的AK步枪。

想想看十年前的计算机是什么模样，如今的计算机又是什么模样，图灵测试已经被计算机所突破，计算机已经可以伪装成人类，让一个正常的人类分不出哪个是电脑，哪个是真人。图灵测试一词来源于计算机科学和密码学的先驱阿兰·麦席森·图灵写于1950年的一篇论文《计算机器与智能》，他所设计的这个测试内容是，如果电脑能在5分钟内回答由人类测试者提出的一系列问题，而且其超过30%的回答让测试者误认为是人类所答，则电脑通过测试。

人类性生活或被机器人取代

在一份调查报道中，关于性爱机器人的话题再度引发了争议。据称，人们性爱时的动作和体位的数量将会变多，而性爱机器人能够教会人们更多。这种设想或许即将变成现实，因为一些搭载人工智能性爱系统的仿真娃娃早已对外发售。这在很大程度上引发了人们的思考，人类的性爱会不会被机器人完全取代呢？

其实性爱作为本能，很大程度上是为了人类的繁衍服务。但是伴随着体外生殖技术、试管婴儿等技术的发展，很大程度上我们可能已经不再需要通过单一的性爱来完成繁衍。世界上的不少医院都在收集精英人士的精子，一些不愿意被

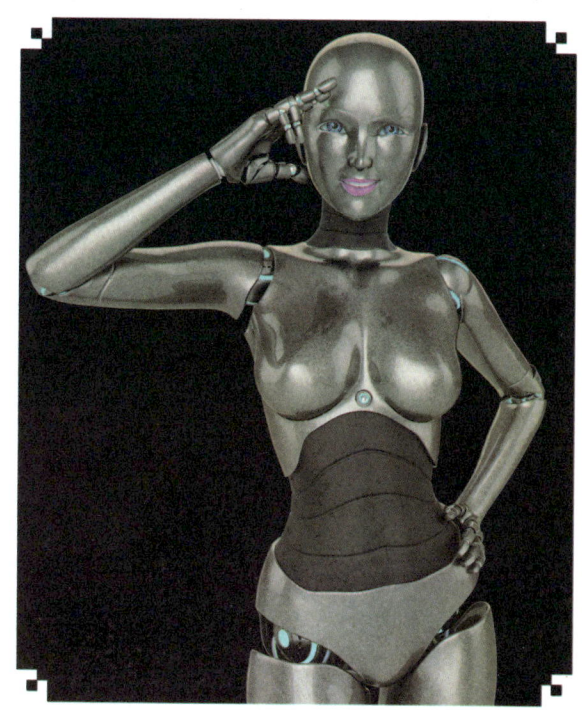

婚姻所捆绑而又想要小孩的女人开始接受体外受孕技术。

　　机器人在性愉悦上足以媲美人类。性用品玩具产业为何能如此发达？因为这些玩具提供了一种完全不同于性爱的愉悦体验，让很多人欲罢不能。虽然这些玩具跟真人之间的感觉还有差距，但是随着机器人仿真技术的高度发展，这个差距可能很快就不是什么大问题了。

　　在未来，每个人都可能拥有一个真实伴侣，这个伴侣有完美的女神容貌、智慧以及对你的服从度。不过，冷冰冰的机器人或许并不是我们想要的，我们需要拥有一种完全不同的视觉感官体验，这就要借助虚拟现实技术的发展，它会带给我们完全沉浸式的体验。

半人半机器生物的出现

人类已经开始在身体里植入电子设备，以便更能与科技联结。有这么一群特定的人，称为Body hackers，他们的体内植入了电子设备。他们能够做到像是手刷开门，无需耳机就能独自聆听音乐，操控一些小型电子用品等难以置信的事情。

随着科学技术的快速发展，附带在人体或直接植入的微小电子用品，将可以强化人类免疫系统并抵御疾病。程式化的纳米机器人将能够进行革命性的手术，同时脑部移植也使我们变得更加聪明。甚至，我们还可能拥有像科幻电影中那样的即时下载技能，或仅用意念就能连接网络。

拥有超人类的基因

世界上有些科学家已经致力于研究一项完美的基因编辑技术，以便未来能设计更健康和强壮的人类。人类或许可以将较壮的骨骼、较高的疼痛耐力，以及降低患癌概率等的基因嵌入。并且，人类还可能会自然形成紫红色的眼睛，或者发展出额外灵敏的视力或听力的新能力等。

同时，科学家也已经着手胚胎的基因编辑。未来的父母可以选择让孩子拥有特定的遗传特质，当然所有父母都希望孩子健康和外表优秀。因此，这也造成了一大问题，人类有可能在基因上会出奇的相似。若全体人类在基因上过度相似，那么攻击共同基因弱点的一个超级细菌就有可能毁灭大部分的新人类。

具有智能的超级电脑

科学家非常看好光电脑、生物电脑和量子电脑的发展应

用，其中又以量子电脑的呼声最高。未来哪怕研制成功其中的一种电脑，科学家就能够编写和设定智力更甚于人类的人工智能电脑。

随着时代发展，机器人电脑系统在管理调度、辅助决策、故障诊断、产品设计、教育咨询等方面得到了广泛应用。文字、语音、图形图像的识别与理解以及机器翻译等领域也取得了重大进展，这方面的一些机器人产品也已经问世。

居住在地球以外的地方

宇宙浩瀚无边，仅仅在银河系就拥有着400亿个类地行星。世界因气候变化而变暖，食物供给因人口增长而吃紧，而人类物种要能继续存活，在地球以外的地方寻找居所就变得十分重要了。

如霍金和马斯克这样的科学家或工程师都曾清楚表示，现阶段应将宇宙探索与设立人类外星球的居所列为高度优先研发的位置。数百年后，人类或许能在火星、月亮或是太阳系外某个星球拥有繁荣的文明。

人类或可能战胜死亡

科技的进步意味着人类更能对抗疾病，同时死亡率也会下降，一些富裕的企业家已经对延缓或停止老化的研究进行了投资。持续成长的人口已让地球资源供给紧张，试想一下，若百岁人瑞成为常态时会发生什么状况？

这是个潜在的严重问题。一个解决的方法是将人类的意志上传至电脑，不需要食物或其他物资，仅需要电力供给和少量资源人类即可长存不朽。

当你看了上面这些机器人对人类的影响，你也许会觉得离自己还很遥远，那就让我们看看几十年后的人类会变成什么样子吧。到那时，机器人科技带给你的感受，也许是从未有过的震撼和真实！

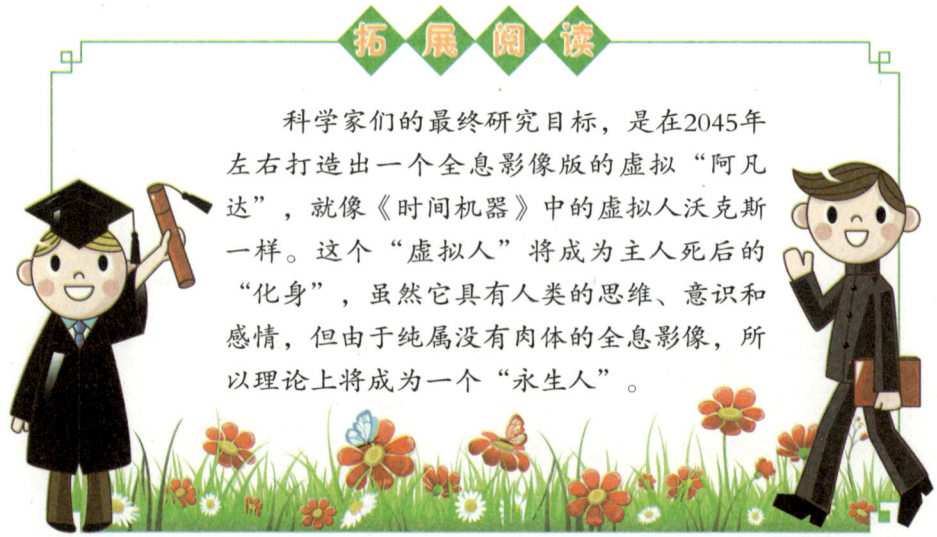

拓 展 阅 读

科学家们的最终研究目标，是在2045年左右打造出一个全息影像版的虚拟"阿凡达"，就像《时间机器》中的虚拟人沃克斯一样。这个"虚拟人"将成为主人死后的"化身"，虽然它具有人类的思维、意识和感情，但由于纯属没有肉体的全息影像，所以理论上将成为一个"永生人"。

世界机器人大会

在2015年11月23日至25日，中国北京举办了"2015世界机器人大会"，大会集结了世界顶尖企业和知名科学家，集中展示了世界机器人领域的最新研究成果和机器人产业的未来走向，成为了中国了解世界机器人先进技术的窗口。其中，这次大会展示了许多颇具娱乐趣味的智能机器人。

布丁机器人

布丁，英文名Pudding，是由中国北京居安三六五科技有限公司研发的一款智能机器人。它集生活服务、娱乐逗趣、安全监控等功能于一体，成为了处于快节奏生活中的现代人的居家好伙伴。

人们可以通过语音的方式，询问布丁关于天气状况、空气质量、星座运势和影视资讯等信息。而且，布丁还可以定时提醒人们办理一些重要的事情，比如参加会议、签署合同等。

通过布丁的远程功能，人们还可以实时查看家中的状况，并且能够通过手机控制布丁进行360度旋转，以便查看所有的角度。布丁还支持人们查看历史视频信息，进行语音对话，发送布丁表情和文字，或者帮人们传达想说的话。

当你不在家的时候，布丁配套的无线震动感应器还可以监测门窗，以及其他任何重要物品的动态。当它监测到任何画面异常时，都会抓拍两张图像，并将异常信息发送到用户的手机中。如果有家人到家了，它也会及时地告知每个家庭成员。

同时，布丁还接入了多家互联网服务平台，包括各类网络

电台和音乐电台等。人们可以直接通过语音点播来收听新闻资讯、脱口秀、相声和音乐等内容。

更为先进的是，布丁还能讲故事、做计算，并且内置有互联网数据的大百科，一切问题都难不倒它。这让它很容易就会成为人们的小伙伴呢！

旺宝机器人

旺宝，英文名Benebot，是中国科沃斯公司研发的一款商用机器人。它由终端机器人、专业服务、云平台三个部分构成，其中本体是终端机器人。它的语音服务采用自动语义分析和远程监控两项技术，能够与人进行简单的语音对话。而在无法回答一些复杂问题的时候，系统就会切换到后台客服中心。

旺宝机器人在设计和研发上，立足于专业化、国际化的发展之路，以前沿的科技能力，为人们提供高智能的服务。在大数据、移动互联网和云计算的时代，旺宝不再是一个单独的智能化设备，而是一种系统服务新平台。

旺宝的应用范围包括以下几个方面：

接待咨询服务。主要运用于银行、保险、证券、移动、电信、酒店、餐馆等场所。

导购服务。主要运用于连锁商店，从事导购工作，降低总体导购员的数量。

导航咨询服务。主要运用于大型卖场和大型超市、机场和火车站等。

远程管理。管理人员通过旺宝完成终端服务培训、巡查终端服务场所等多项管理工作。

培训服务。运用于幼儿教育培训机构，辅助幼儿教师，提供远程播放音乐、视频、图片，提升教学质量和提高幼儿学习兴趣等。

后台服务。为大型后台客服中心提供配套化服务。

DOMGO机器人

DOMGO机器人则是一款外形像狗的机器人，属于新面孔。这是由韩国IPL公司研发设计，北京智能管家科技有限公司投资和发行的机器人产品，被定位为宠物机器人。相对于布丁机器人来说，DOMGO机器人的市场更加广阔。

当人们看到这款机器狗的时候，很多人的第一反应是，它跟索尼的爱宝机器狗到底有什么区别。爱宝机器狗系列的定位，从来就不是玩具，而是纯粹的宠物。虽然DOMGO机器人的定位也是宠物，但是，它更倾向于玩具型、儿童型机器人。

DOMGO的全身布满传感器，通过触摸机器人会有一定的反应。同时，它还具有人脸识别、自动跟随以及语音互动等功能。更为关键的是，它的价格比爱宝机器狗要低很多，只有三四千人民币。

机器人的潮流

以机器人科技为代表的智能产业蓬勃兴起，成为了现代科技创新的一个重要标志，中国也已经将机器人和智能制造纳入了国家科技创新的优先重点领域。

而关于机器人的现代发展，有三大潮流：

一是，外观和智能上模仿人类、能够以假乱真的人形仿真机器人，是机器人发展的终极目标。"机器人"这个中文译名就已经直观地体现了人们的这种愿望。

二是，追求机器人的强大功能。与努力接近人形的仿真机器人相比，大多数的机器人并不追求人类外形，而是致力实现各种

特殊功能。这方面最常见的就是各种机械臂，它们也是机器人大会展厅中出现频率最高的机器人。它们有的可以装配汽车，有的可以分拣快递包裹，有的可以模拟手术，还有的可以写字、画画。

　　三是，服务机器人才艺多，为人类生活服务也一直是机器人发展的重点方向，也是最贴近人们自身需求的方向。在这一次大会上，许多机器人就展示了生活服务功能，甚至有些机器人还集合了多种功能，走上综合服务的道路，堪称多才多艺。

　　机器人时代的到来，将变革现有生产制造模式，以及人类的生活方式。美国麻省理工学院的埃里克·布莱恩约弗森教授把这称之为"第二次机器革命"，即海量的智能机器和互联互通的智慧大脑结合在一起，将彻底颠覆之前的世界。

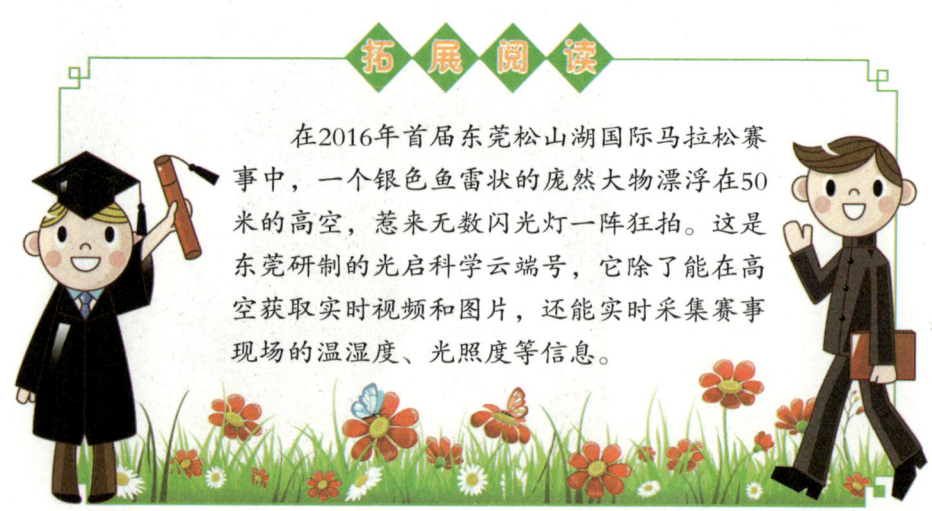

拓展阅读

　　在2016年首届东莞松山湖国际马拉松赛事中，一个银色鱼雷状的庞然大物漂浮在50米的高空，惹来无数闪光灯一阵狂拍。这是东莞研制的光启科学云端号，它除了能在高空获取实时视频和图片，还能实时采集赛事现场的温湿度、光照度等信息。

机器人杀人的警示

那是在2015年，德国大众位于卡塞尔附近的一家工厂里发生了一起悲剧，一名年仅21岁的技术人员因为突然遭到机器人的攻击而不幸丧生。

这名不幸身亡的技术人员是一位外部承包商，事发时正与

同事一起安装机器人。在操作过程中，机器人却突然抓住他的胸部，把他使劲压在一块铁板上，导致这名技术人员伤重而不治身亡。

在西方国家的工厂里，极少会发生与机器人有关的死亡事件，因为机器人会被放在安全笼的后面，以避免它们与人类意外接触。但在这起悲剧中，那名技术人员事发时正好站在安全笼里面。另一名技术人员由于在笼子外面，并没有受到任何伤害。

大众公司在调查后表示，这台机器人并没有出现技术故障。同时，他们强调肇事的机器人并不属于新一代轻量级机器

人，而新一代机器人可以在生产线上与工人们并肩工作，还不需要安全笼。

工程师马斯克就曾经发表了一系列关于警惕人工智能的观点，他认为人工智能有可能是人类最大的生存威胁，比核武器更加危险，因此需要对人工智能保持万分警惕。

在机器人并没有出现技术故障的情况下，工人被杀，看来科学家的担忧并非多余。后来，彭博社透露，马斯克捐赠了1000万美元用于研究懂得"伦理道德"的机器人，以确保它们不会毁灭人类。

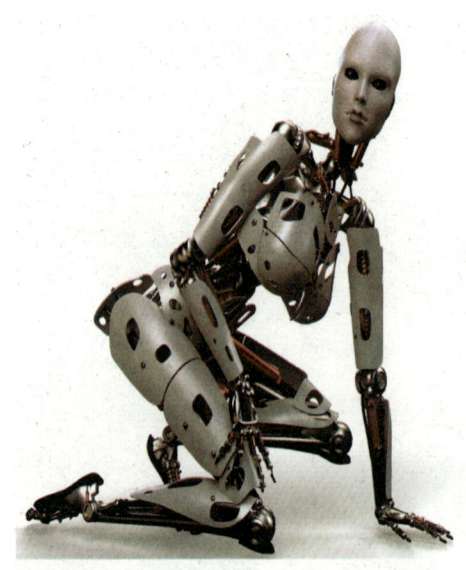

　　长期以来，针对机器人是否最终会威胁到人类安全和发展的争议始终不绝于耳，站在悲观角度上的人还包括霍金、比尔·盖茨等人。他们是著名的物理学家，是长期站在行业前端对未来发展趋势有着自己深刻见解的企业家，他们对机器人等人工智能的质疑和警告或许并不只是杞人忧天而已。一系列的事件显示机器人伤人事故并没有随着人工智能技术研究和实践的深化而在新世纪杜绝。

拓 展 阅 读

　　1999年，一名工人在机器人尚在运行时就对其进行维修，最终受伤而死；2001年，一名汽车厂工人在进入机器人防护笼进行清洁工作时被机器人扼住喉咙压迫在滚轮下最终窒息身亡；2006年，一位女工被机器人挟住颈部钉在焊接机上，当场遇难。

人机世纪大对决

　　人机世纪大战，是指在2016年3月由谷歌公司研发制造的人工智能系统阿尔法围棋，挑战世界围棋冠军李世石。根据约定，即使一方率先取得3胜，也会下满5盘。最终，阿尔法围棋以4：1的比分战胜了李世石，赢得了这场"战争"。

　　围棋人机大战，源于2016年1月27日英国《自然》杂志的一篇文章。这篇文章称，谷歌的人工智能系统阿尔法围棋在

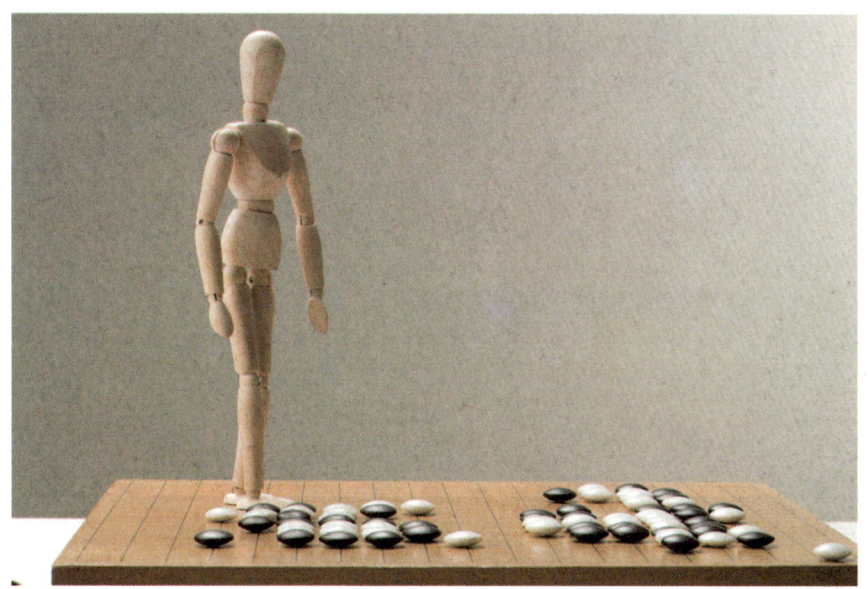

2015年10月份以5比0的战绩完胜欧洲冠军、职业围棋二段樊麾，这是人类历史上，围棋人工智能第一次在公平比赛中战胜职业围棋手。

棋类游戏一直被视为顶级人类智力的试金石。人工智能与人类棋手的对抗一直在上演，此前在三子棋、跳棋和国际象棋等棋类上，计算机程序都曾打败过人类。在围棋人机大战之前的历史上，最著名的人机大战要数国际象棋世界冠军加里·卡斯帕罗夫对国际象棋人工智能程序"深蓝"的国际象棋比赛。

1997年，国际象棋人工智能第一次打败顶尖的人类；2006年，人类最后一次打败顶尖的国际象棋人工智能。自那时起，欧美传统里的顶级人类智力游戏国际象棋，已经在电脑面前一败涂地。围棋成了人类智力游戏最后的一块高地。

围棋人工智能长期以来举步维艰，顶级人工智能甚至不能

打败稍强的业余选手。这似乎也合情合理。因为要是人工智能用暴力列举所有情况的方式，围棋需要计算的变化数量远远超过已经观测到的宇宙中原子的数量。这一巨大的数目，足以令任何蛮力穷举者望而却步。而人类，可以凭借某种难以复制的算法跳过蛮力，一眼看到棋盘的本质。

后来，人工智能研究者们祭出了终极杀器，即"深度学习"。深度学习是人工智能领域中的热门科目，它能完成笔迹识别、面部识别、驾驶自动汽车、自然语言处理、识别声音、分析生物信息数据等非常复杂的任务。

谷歌人工智能程序阿尔法围棋即"AlphaGo"，就是基于深度学习技术研究开发的。为了测试阿尔法围棋的水平，谷歌于2016年3月份向围棋世界冠军、韩国顶尖棋手李世石发起了挑战，而李世石也接受了挑战。下面是这次对决的赛程赛果：

3月9日首局，李世石执黑中盘认输。3月10日次局，交换黑白，阿尔法围棋完胜，其中一步5路尖冲，令聂卫平"脱帽致敬"。3月12日第三局，李世石执黑中盘负，三连败。

3月14日第四局，李世石执白在不利局面下弈出石破天惊一招，最终翻盘。3月15日末局，李世石执黑细棋败北。最终，阿尔法围棋以4比1战胜了李世石。

接着，阿尔法围棋在中国棋类网站上更是以"大师"为注册帐号与中日韩数十位围棋高手进行快棋对决，连续60局无一败绩！然后，在2017年5月中国乌镇围棋峰会上，阿尔法围棋与排名世界第一的世界围棋冠军柯洁进行了对战，并以3比0的总比分获胜。

无奈，国际围棋界只能公认阿尔法围棋的棋力已经超过人类职业围棋顶尖水平。在GoRatings网站公布的一次世界职业围棋排名中，阿尔法围棋的等级分曾经一度超过排名人类第一的棋手柯洁。

更令人惊讶的进展是，DeepMind团队于2017年10月18日公布了最强版AlphaGo，代号AlphaGo Zero。

AlphaGo Zero的能力与此前版本最大的区别是，它不再需要人类数据。系统一开始甚至并不知道什么是围棋，只是从单一神经网络开始，通过神经网络强大的搜索算法，进行了自我对弈。随着自我学习的增加，神经网络逐渐调整，提升了能

力，最终赢得比赛。

经过短短3天的自我训练，AlphaGo Zero就强势打败了此前战胜李世石的旧版AlphaGo，战绩是100:0。经过40天的自我训练，AlphaGo Zero又打败了此前战胜柯洁的AlphaGo Master。

人机大战对围棋项目的影响

围棋人机大战前，不少人担心围棋这块阵地一旦失守，将对整个项目产生灭顶之灾。因为不少人或许会有号称棋类智力最顶尖的围棋也不过如此的想法，从而魅力大减。可是，实际情况却是恰恰相反，很多平时不关心围棋或者说根本连围棋规则都不了解的人，也因为人机大战开始了解和关心这个项目。

围棋人机大战期间，关于人机大战的报道充斥于世界各种媒体的"头条"，风头完全盖过了足球、篮球这些风靡世界的运动。就连围棋普及率极低的欧美国家，如BBC广播公司、路透社、美联社等媒体也对比赛进行了详细报道，这在以往几乎是不可能的。

人机大战对人工智能的影响

"人工智能"这个概念是人机大战最终极的受益者。在围棋人机大战前，人工智能对于普通人而言还是那么"云山雾罩"；在围棋人机大战后，人们通过各种报道已经了解到，人工智能已经渗透到了每个人的工作和生活中。智能化服务将会快速地接入餐饮、出行、旅游、电影、教育、医疗等生活服务领域，覆盖用户吃、住、行、玩，人工智能在未来可能媲美人类的专职秘书。

阿尔法围棋最大的胜利是为人工智能进行了一场全球性的科普教学，也代表了高科技企业对人工智能技术充满信心的宣告。过去的人工智能只是存在于实验室的智慧探索，而在未来的科学技术中，人工智能将是基础，是推动商业与社会发展的强大动力。

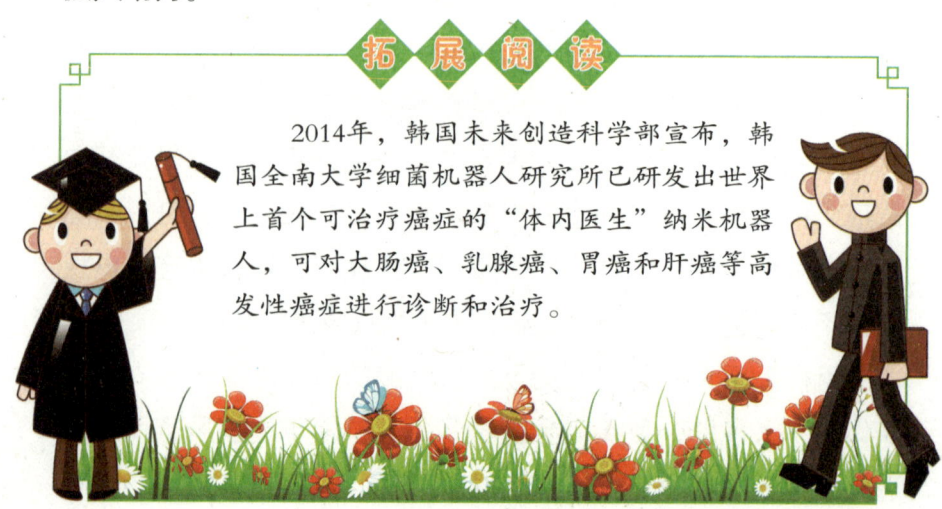

拓展阅读

2014年，韩国未来创造科学部宣布，韩国全南大学细菌机器人研究所已研发出世界上首个可治疗癌症的"体内医生"纳米机器人，可对大肠癌、乳腺癌、胃癌和肝癌等高发性癌症进行诊断和治疗。

未来的无人战争

21世纪的战争是"无人战争"，是高科技的战争，是由人类指挥各种机器人作战的战争。战争的指挥控制者们可以坐在计算机屏幕前，在迅速、准确、详细地获得战场信息后通过操作计算机，像玩电脑游戏一样轻松地指挥机器人部队的作战。

武器系统的无人化

一是空中。侦察卫星、通信卫星、高空无人驾驶飞机，以

及各式各样的空中不载人遥感器，不分昼夜地将高质量的实时图像传送到任意一个作战指挥环节之中；各种无人驾驶的空中飞行机器人在卫星的导航下，呼啸着飞向战区；战术激光制导导弹以极高的精确度扑向目标。

二是地面。无人侦察车和微型机器人地面传感器不停地获取着战场信息；不载人移动计算中心迅速地处理着最新的战斗信息；由机器人驾驶的坦克、自行火炮和智能弹药不断地对敌实施攻击。

三是海底。装有先进传感器和攻防武器的潜水机器人越过暗藏杀机的水雷场，悄无声息地跟踪敌舰，并将其迅速击毁后返回母舰。

遥控性操纵

可以说，对未来战争影响最大的就是遥感和飞行技术。

遥感和飞行技术成熟的机器人将十分可怕：无人驾驶飞机和无人驾驶汽车能够直接遥控引导轰炸机奔袭轰炸目标；无人驾驶的直升机能够协调无人驾驶的护航舰；无人驾驶潜艇能够自动清除水雷，发射巡航导弹等。

机器人可怕之处还表现在：机器人可以让士兵不再担任易受伤害的任务；可以取代士兵从事那些吃苦受累、单调乏味的

任务；可以在士兵疲倦后，接替士兵完成需要消耗更多时间的任务。而且，机器人是永远不会有害怕情绪的。

从20世纪90年代开始，计算机和遥感技术出现了飞跃，燃起了五角大楼对遥控武器的兴趣。在波斯尼亚，美军试用了陆军的猎户式无人驾驶侦察机。在科索沃，美军第一次部署了无人驾驶侦察机"捕食者"。在轰炸阿富汗时，空军已经能够将"捕食者"的摄像机与武装直升机上和航空母舰上，以及设在沙特阿拉伯的空军联合行动司令部的电脑屏幕连成一体。

美国还研制了地面感应器，其中一种型号适用于由飞机投放到敌人阵地。这种感应器能探查出震颤和声响，能够识别过路者是平民还是军队。

五角大楼的官员说，下一步将是把来自这些感应器的数据与高空飞行的无人侦察机或卫星发回的信息结合在一起处理，利用不同的感应器对同一地形进行侦察，比较这些信息，就容易揭穿圈套或发现被伪装起来的武器。

美国还在秘密研制一种无人战机，它无需地面控制就能够独立自主地对地面目标进行轰炸。也就是说，如果这种飞行机器看到一个与它的记忆吻合的目标，便会立即进行攻击，事后再向人汇报。

未来作战系统

"未来作战系统"是一个通过高速通讯系统，将无人驾驶飞机与有人驾驶飞机、运输车辆和炮兵等连成一体的网络。无人驾驶飞机将在战场上发挥核心作用。

小型无人驾驶侦察机在高处窥视，与此同时，无人驾驶直升机将关注部队的运动情况。每名士兵的后面，将跟随一辆由电脑程序控制的能够适应各种地形的无人驾驶车，车上可以装载武器和其他装备。

武器的小型化十分关键，比如利用纳米技术制造的一些微型机器人，它们在战场上的作用甚至是决定性的。但是，真正的挑战在于将人和机器编为一体，在共同分享信息后，由未来作战系统决定谁的出击效果更好。

军队应该在多大程度上依赖机器？多数军事专家说，人脑仍然是最有效的武器，无人驾驶飞机等机器人所载入的逻辑还很难达到人脑的能力。

机器人士兵

美国正在研究机器人士兵以提高战争的安全性，试图在未来战场上用机器人代替真的士兵。这种新的战斗网络其实是"未来作战系统"的一部分。

机器人士兵将使美军得以在接近敌阵的地方部署先进武器，同时把伤亡的危险性降至最低。这种技术的目标是利用载人和无人系统完成战场上需要完成的一切任务。它们能够向目标射击、自我保护，实施侦察并发现目标。正在研制中的还有一种被称作"搜索者"的机器人，它们的任务是帮助寻找敌人的隐身处，标明其位置并指引军队的火力。

　　美国也在研制一种无人驾驶装置，它能以每小时60英里的速度运行，以取代坦克的许多作用。先进的激光枪和微波炮，将能够以这些无人驾驶运载工具为载体向敌人射击。单独的"控制平台"，即用于指挥和协调机器人进攻的装置，则会由人类士兵来驾驶。

拓 展 阅 读

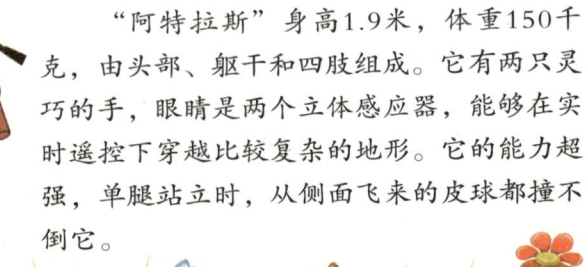

　　2013年7月，美国武器合约商波士顿动力公司为美军研制的世界最先进人形机器人"阿特拉斯"亮相了。这种机器人能像人类一样用双腿直立行走，令人联想起科幻电影中的"终结者"。

　　"阿特拉斯"身高1.9米，体重150千克，由头部、躯干和四肢组成。它有两只灵巧的手，眼睛是两个立体感应器，能够在实时遥控下穿越比较复杂的地形。它的能力超强，单腿站立时，从侧面飞来的皮球都撞不倒它。

神奇的纳米机器人

20世纪后期，美国的德雷克斯勒博士提出了一种观点，即纳米级的微型机器人可以利用自然界中存在的所有廉价材料制造任何东西。这种观点在专家的议论中出现，显得太离奇了。但是，从另一个角度来看，他却揭示了一个人类在21世纪将会大规模进军的领域，就是微型机器人领域。

微型机器人又称为"明天的机器人"，它是机器人研究领域的一颗新星。发展微型和超微型机器人的指导思想非常简单，就是某些工作若用一台结构庞大、价格昂贵的大型机器人去做，不如用成千上万个非常低廉的细小而极简单的机器人去完成。这正如一大群蝗虫去

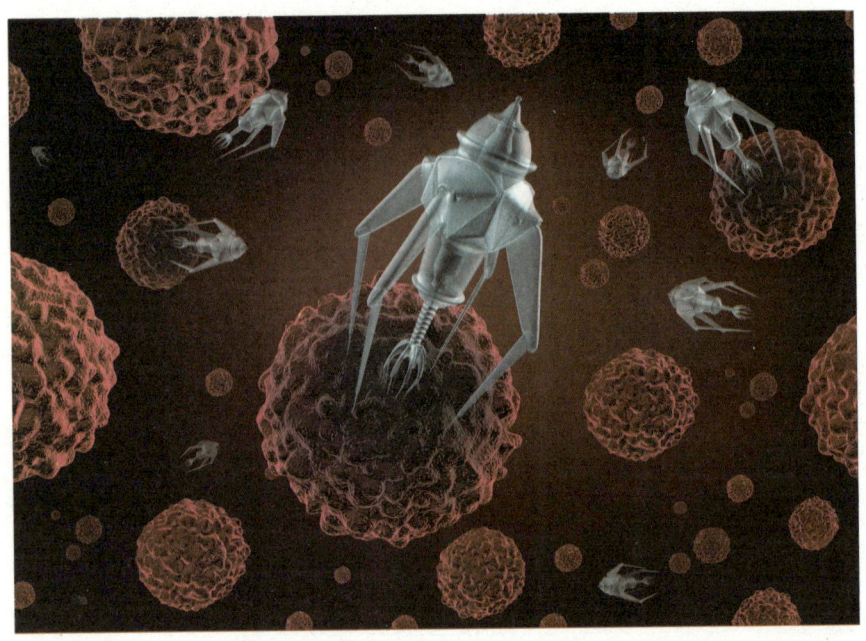

"收割"一片庄稼，要比使用一台大型联合收割机快。

微型机器人的发展依赖于微加工工艺、微传感器、微驱动器和微结构四个支柱，是建立在大规模集成电路制造技术的基础上的。微驱动器、微传感器都是在集成电路技术基础上用标准的光刻和化学腐蚀技术制成。

不同的是集成电路大部分是二维刻蚀的，而微型机器人则完全是三维的。微型机器人和超微型机器人已逐步形成一门牵动众多领域向纵深发展的新兴学科。

微型机器人可以在原子级水平上工作。例如，外科医生能够遥控微型机器人做毫米级视网膜开刀手术，在眼球运动的条件下，进行切除弹性网膜或个别病理细胞，接通切断的神经。还可以在病人体内或血管中穿行，发现癌细胞立即把它们杀死以及刮去主动脉上堆积的脂肪等。

微型机器人的作业能力已经远远超过了艺术家在头发丝上作画的程度。微型机器人还可以用于精密制造业的加工，用它制造存储量更大的电脑存储芯片，以及加工精度极高的"超平面磨床"等。

应用微型机器人技术，就可以使各种各样的航天测量变得更为轻巧，磁带录音机之类的家用电器也会变得更加小巧和多用，电视屏幕可以做得既大又薄，其上各点的光亮度，可以用微型机器人自动控制。

微型和超微型机器人的应用领域很广阔，它可以用于航海、农业、通信、航空航天、家庭和医疗等方面。

例如，将成千上万个微型机器人撒在土豆地内，让它们去咬死害虫，使土豆有比较好的收成。飞行微型机器人载着湿度仪和红外传感器在田野上飞翔，当发现农田有干旱现象时，便降落在灌溉系统的阀门上，将干旱信息传输给传感器，打开阀门定量灌溉农田。

微型机器人可以携带摄像机和微型光纤，进入人类无法到达的地方去观察环境，进行存储或传输图像。当地下电缆断了以后，让成千上万个微型机器人沿着电缆爬行，爬到断头时，便让双手搭在前端断头上，于是微型机器人便成为连接导线，永久留在电缆上。

微型机器人可以清洁、修理空间望远镜，检查宇宙飞船热屏蔽罩，给飞机外罩除冰。如果将大量的飞行微型机器人部署在其他星球上，机器人则可以发回各种所需的信息。

　　每天晚上可以放出微型机器人在商店和仓库附近放哨，防止盗窃者进入。微型机器人还可以在住房隐蔽处除尘，进入家用电器内部检查和维护。

　　微型机器人能力的评价标准有：智能，指感觉和感知，包括记忆、运算、比较、鉴别、判断、决策、学习和逻辑推理等；机能，指变通性、通用性或空间占有性等；物理能，指力、速度、连续运行能力、可靠性、联用性、寿命等。因此，可以说微型机器人是具有生物功能的三维空间机器。

　　尽管尚未出现智能微型机器人，但是大部分的机器人研究机构的科学家都认为到2040年，智能微型机器人将达到人的智力水平，也许还能达到人的意识水平。

　　然后，智能机器人会得到进一步改进，人与机器之间最终将建立一种共生关系，两者合并为能够大大扩展智力的"后生

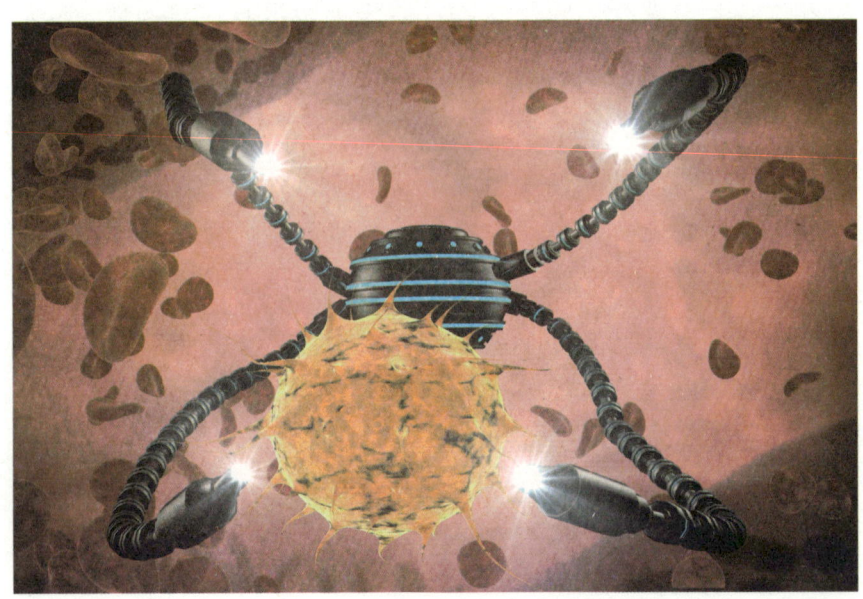

物体"。美国麻省理工学院人工智能专家马文·明斯基预见到未来的智能机器人：

> 人将把大脑的思维下载给计算机控制的机器替身，形成几乎无限的信息和数据。这种状况标志着人类一个新的开发阶段的开始。

对于正在研发的超微型机器人，科学家预言，在21世纪，超微型机器人如果研制成功，它可以像红细胞那样注入人体内，从溶解在血液内的葡萄糖和氧气中获得能量，并按照编好的程序，探视、辨识、过滤、清除人体内的病毒，保持肌体的健康。

英特尔公司纳米技术权威詹姆斯·埃伦博根说：

> 将来的纳米机器人可以合成你想要的任何东西，科学家设想在未来纳米机器人的帮助下，甚至可以从因特网上下载硬件。一旦我们掌握了制造体积不超过盐粒大小的计算机的技术，我们就会从根本上处于一种新的形势。

随着纳米微电子技术的发展，体积微小的计算机将非常便宜，因而随处都可使用计算机。嵌在内衣里的计算机将告诉洗衣机应当用什么水温洗涤内衣，嵌在鞋里的计算机将向汽车发出信号，把主人走过来的信息通知汽车，让汽车调整好座位和反光镜并打开车门。

英特尔公司埃伦·博根领导的研究人员取得的新成果是设计出一种用于组装纳米制造系统的微型机器人。这种机器人的长度约为5毫米，但是假设能利用纳米制造技术使它的体积不断缩小，其最终的体积可能不会超过灰尘的微粒。

体积微小的机器人也许能够像纳米技术的倡导者埃里克·德雷克斯勒设想的那样，用于操纵单个原子。德雷克斯勒在《创世的引擎》一书中对纳米机器人作了一番引人入胜的描述：

成群的肉眼看不见的微型机器人在地毯上或书架上爬行，把灰尘分解成原子，使原子复原成餐巾、肥皂或纳米计算机等诸如此类的东西。

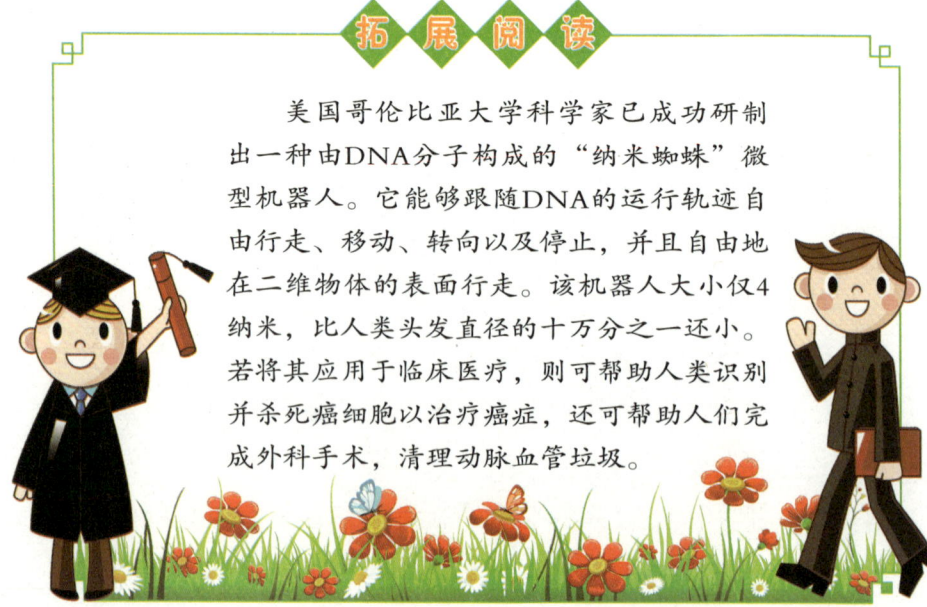

拓展阅读

美国哥伦比亚大学科学家已成功研制出一种由DNA分子构成的"纳米蜘蛛"微型机器人。它能够跟随DNA的运行轨迹自由行走、移动、转向以及停止，并且自由地在二维物体的表面行走。该机器人大小仅4纳米，比人类头发直径的十万分之一还小。若将其应用于临床医疗，则可帮助人类识别并杀死癌细胞以治疗癌症，还可帮助人们完成外科手术，清理动脉血管垃圾。

自我复制的机器人

　　实际上，我们的每个细胞就是一台纳米机器，只不过纳米机器要受我们控制，而细胞有它自己的指挥官基因。细胞的分裂过程其实就是一个自我复制的过程，人类正在努力使纳米机器人能像细胞一样具有自我复制的能力。

　　我们举个例子，假如一个纳米机器人由10亿个原子按照超乎想象的精密结构组合而成，而且它们组装的速度是每秒10亿个原子，并且它们还能够复制自身。那么，每个机器人完成自

己的一个复制品仅仅需要1秒钟。

然后，新的纳米机器人克隆品又被"启动"，又开始自我复制。在这个忙碌的克隆过程进行60秒之后，将会出现2的60次方个纳米机器人，或者说是10亿个10亿，这是巨大得令人难以想象的18位数字。这支纳米机器人大军能够在0.6毫秒内生产30克产品，即每秒生产50千克产品。

普通的纳米机器人用于大批量生产的想法并不是特别诱人，但是，能够自我复制的纳米机器人确实令人心动。如果这是可行的，那么在瞬间生产出从CD机到摩天大楼在内的任何东西的想法似乎也并不是空想了。

但是，这些能够自我复制的纳米机器人也可能是非常可怕的。它们也许就相当于一种新的寄生物，没有人能阻止它们的无限扩张，最终全世界都会变成一堆分辨不清的灰色糨糊。

更加可怕的是，它们可能根据设计程序或者通过随机突变而具备彼此交流的能力。而且，假如纳米机器人忘记停止复制会发生什么呢？如果没有一些放在纳米机器人内部的停止信号，纳米机器人忘记停止复制，就会无穷尽地复制自身，那么产生灾难不是没有可能的。

纳米技术学家没有回避危险，但是他们相信人们能控制灾难的发生。其中一个办法就是设计出一种软件程序，使纳米机器人在复制数代后就自我摧毁。

另一种办法就是设计出一种只在特定条件下复制的机器人。例如，只有在受到某些刺激，比方说只有当某种化学品的浓度高于一定限度后才进行复制，或者在一个很窄的温度或湿度范围内才能复制。

科学家设想可以有两种类型的纳米机器人：一类具有自我复制能力，叫自我复制工，如同蜜蜂中的蜂王；一类不具有自我复制能力，叫普通装配工，就像蜜蜂里面的工蜂一样。这样就更易于控制纳米机器人的复制了。

就像电脑病毒的传播一样，所有以上这些努力都无法阻止那些不怀好意的人有意释放某种纳米机器人作为害人武器。世界可能会需要一个纳米技术免疫系统，这个系统中有一些纳米机器人要来充当警察，他们不断地在微观世界中同那些不怀好意的机器人进行战斗。

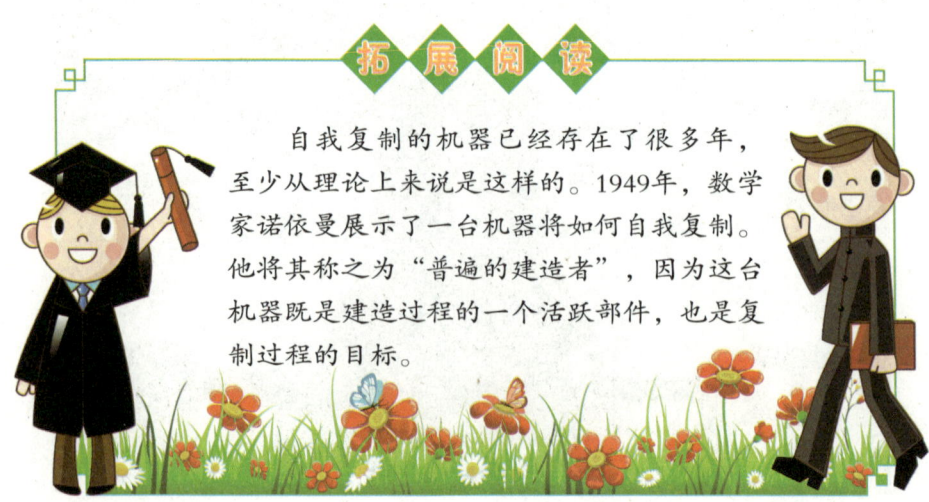

拓展阅读

自我复制的机器已经存在了很多年，至少从理论上来说是这样的。1949年，数学家诺依曼展示了一台机器将如何自我复制。他将其称之为"普遍的建造者"，因为这台机器既是建造过程的一个活跃部件，也是复制过程的目标。

纳米超级智能机器

　　纳米技术不但能使传统的微加工技术达到更高的高度，同时这项技术本身正试图以一种与以往不同的方法来制造电子元件。传统的制造方法都在努力把大的东西做小，而纳米技术却要从底部出发，即由极小的分子元件组装成大的器件。这种由小到大的方法被认为是未来的发展方向。下面就让我们看看纳米技术是如何打造超级智能机器的。

分子计算机

现代的电子计算机是根据二进制的原理制造的，就是说计算机内所有的数据指令都是以二进制表达的。一个晶体管可以用两种状态表达，即打开和关闭，用打开状态代表1，用关闭状态代表0。分子中的化学键也可以有链接和断开两种状态。那么，可不可以利用分子中化学键的开和关来制造分子大小的开关，进而制造计算机呢？

美国加利福尼亚大学洛杉矶分校的科学家就发明了一种新型分子开关，使分子计算机又向前迈进了一步。这一发明被选为"2000年世界十大科技进展"之一。

接下来，科学家们还需要研制出合适的导线，以将分子开关连接起来，并通过整体设计将其开发成计算机元件。他们认为碳纳米管有可能是理想的导线材料。

科学家认为，分子芯片可以做到只有尘埃或沙粒那么大。由这种芯片制成的分子计算机，运行所需的电力比现有计算机大大减少，这将使它的功效达到硅芯片计算机的百万倍。

而且，分子计算机能够安全保存大量数据，使用它的用户可不必进行文件删除工作也可保持可用空间。此外，分子计算机还有希望免受计算机病毒、系统崩溃和碰撞等故障的影响。

光子计算机

在1990年，美国的贝尔实验室推出了一台由激光器、透镜、反射镜等组成的电脑。这就是光子计算机的雏形。光子计算机又叫光脑。电脑是靠电荷在线路中的流动来处理信息的，而光脑是靠激光束进入由反射镜和透镜组成的阵列来对信息进

行处理的。与电脑相似的是，光脑也靠一系列逻辑操作来处理和解决问题。

电脑的功率取决于其组成部件的运行速度和排列密度，光子在这两个方面都很理想。光子的速度即光速，为每秒30万千米，是宇宙中最快的速度，激光束对信息的处理速度可以达到半导体硅器件的上千倍。

随着科技的高速发展，光脑的许多关键技术，如光存储技术、光互联技术、光电子集成电路等都已获得突破。光脑的应用必将使信息技术发展产生质的飞跃。

生物计算机

电脑的性能是由元件与元件之间电流启闭的开关速度来决定的。科学家发现，蛋白质有开关特性，用蛋白质分子做元件制成的集成电路，称为生物芯片。而使用生物芯片的计算机，则称为生物计算机。

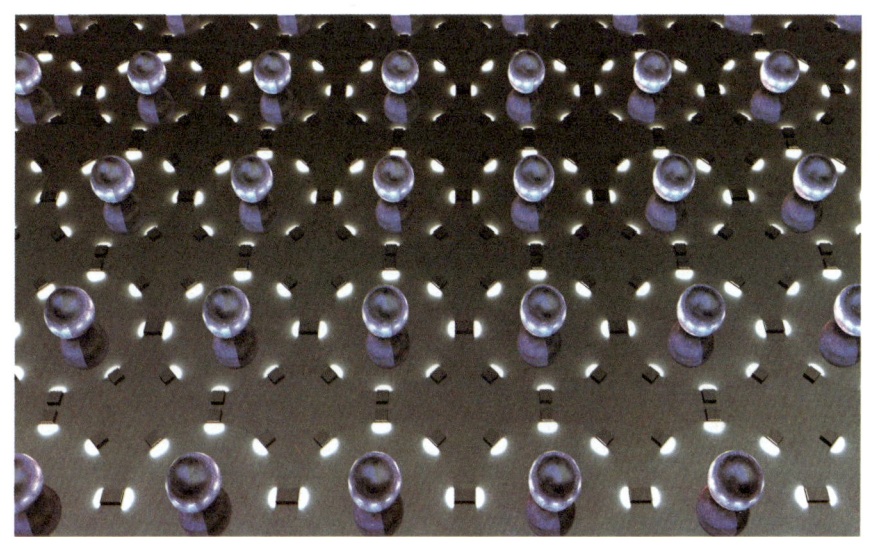

生物电脑元件的密度比大脑神经元的密度高一百万倍，传递信息速度也比人脑思维速度快。生物芯片传递信息时阻抗小，耗能低，而且具有生物的特点，具有自我组织和自我修复的功能。它可以与人体及人脑结合起来，听从人脑指挥，从人体中吸收营养，甚至使人脑的记忆力成千上万倍地提高。

生物电脑是人们多年来的期望。因为有了它，就可以实现一般电脑无法实现的模糊推理功能和神经网络运算功能。这也是智能计算机的突破口之一。

量子计算机

在2000年，IBM公司宣布研制出利用5个原子作为处理器和存储器的量子计算机，即量子电脑。

量子计算机是一种基于原子所具有的神秘量子物理特性的装置，这些特性使得原子能够通过相互作用起到电脑处理器和存储器的作用。

　　量子计算机的基本元件就是原子和分子。IBM的这台量子计算机被认为是朝着具有超高速运算能力的新一代计算装置迈出的新的一步。它可以用于诸如数据库超高速搜索等方面，还可以用于密码技术上，即密码的编制和破译。

智能电脑发展前景

　　科学家非常看好光电脑、生物电脑和量子电脑，其中又以量子电脑呼声最高。量子电脑虽然威力无比，但是要真正为人类造福还需要耐心期待。

　　人脑有一百四十亿个神经元及十亿多个神经节，每个神经元都与数千个神经元交叉相连，它的作用都相当于一台微型电脑。人脑总体运行速度相当于每秒一千万亿次的电脑具有的功能。人脑是最完美的信息处理系统。从信息处理的角度对人脑进行研究，并研制出像人脑一样能够进行思维的计算机，一直

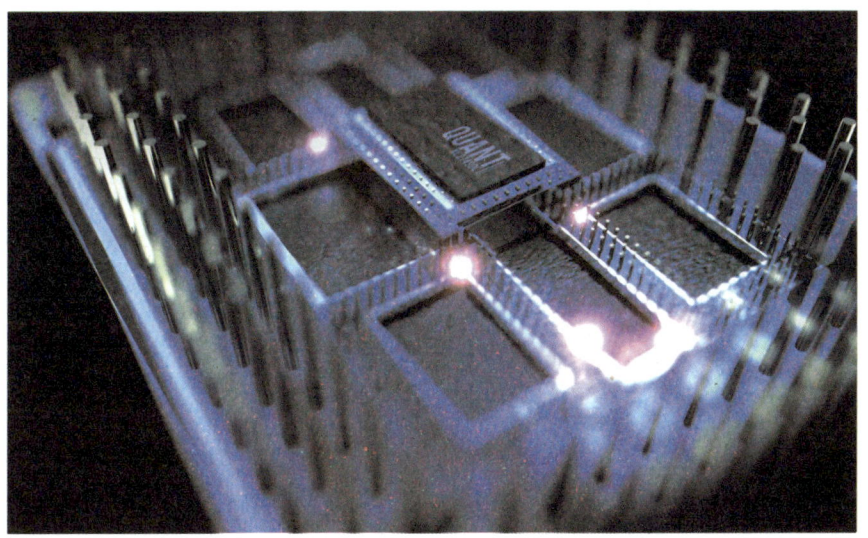

是科学家的梦想。

　　用许多微处理器模仿人脑的神经元结构，采用类似人脑的结构设计就构成了神经电脑。神经电脑除了有许多处理器外，还有类似神经的节点，每个节点又与其他许多节点相连。若把每一步运算分配给每台微处理器同时运算，其信息处理速度和智能会大大提高。

　　科学家预计，有了利用纳米技术制造的超级计算机，完全有可能模拟出具有人类智能的电脑。这种电脑又被称作人工大脑。科学家认为，人脑也许能用导线跟外部其他的人脑或计算机连接起来，可以直接传送信号和接收反馈。利用这种技术可以创造出虚拟现实系统。在这样的系统里，登陆火星的宇航员在离开地球前，他们的大脑就能学会如何对付火星上的重力等问题。

　　智能计算机技术还很不成熟，现在主要是做模式识别、知识处理及开发智能应用等方面的工作。尽管所取得的成果离人们期望的目标还有很大距离，但是也已经产生明显的经济效益与社会效益。

专家系统已在管理调度、辅助决策、故障诊断、产品设计、教育咨询等方面广泛应用。文字、语音、图形图像的识别与理解以及机器翻译等领域也取得了重大进展，这方面的一些产品已经问世。

计算机产品的智能化和智能机系统的研究开发将对国防、经济、教育、文化等各方面产生深远影响。计算机智能化是二十一世纪信息产业的重要发展方向，发展智能计算机将加速以信息产业为标志的新的工业革命。

拓 展 阅 读

2011年，俄罗斯媒体大亨德米特里·伊茨科夫发起了一个惊人的"俄罗斯2045"计划，他耗费巨资雇佣了至少30名科学家，试图研究和打造真实版的"永生人"，该计划已经获得俄罗斯科学教育部的大力支持。

科学家们的最终研究目标，是在2045年左右打造出一个全息影像版的虚拟"阿凡达"，就像《时间机器》中的虚拟人沃克斯一样，这个"虚拟人"将成为主人死后的"化身"，虽然它具有人类的思维、意识和感情，但由于纯属没有肉体的全息影像，所以理论上将成为一个"永生人"。

数字化虚拟人

　　21世纪是信息技术和生物科学大发展的世纪。随着遗传医学的课题研究日益深入，由发达国家牵头的"数字虚拟人体"研究项目更是成为了焦点中的焦点。

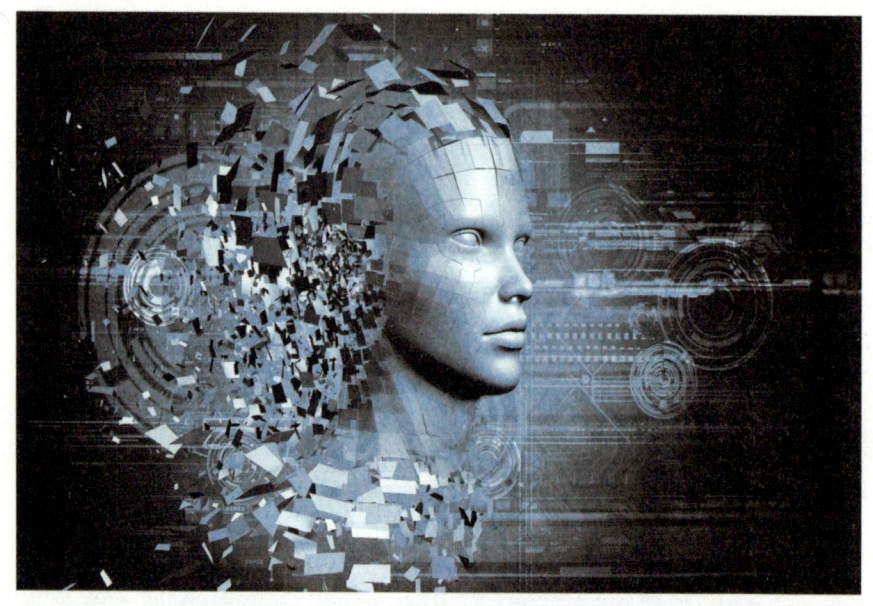

什么是数字化虚拟人

"数字人"是通过计算机技术,将人体结构数字化,在电脑屏幕上出现看得见的、能够调控的虚拟人体形态。当进一步将人体功能性信息附加到这个人体形态框架上,经过虚拟现实技术的交叉融合,这个"数字人"就能模仿真人做出各种各样的反应。

如果设置有声音和力反馈的装置,还可以提供视、听、触等直观而又自然的实时感。因此,在以往的报道中,又将数字化人的部分研究工作,称之为"可视人"或"虚拟人"。

"虚拟人"需要经历"虚拟可视人""虚拟物理人""虚拟生理人"和"虚拟智能人"4个发展阶段。这些阶段不一定截然分开,各阶段的内容也可能交叉重叠。

其原理是通过先进的信息技术与生物技术相结合的方式,

在计算机上操作可视的模型，包括人体器官和细胞等，最终建成生物网络化的流程。即从几何图形的数字化"可视人"到真切实感的数字化"物理人"，再到随心所欲的数字化"生物人"。

1991年，美国获取了人体断面的图像和"数字化解剖人"；2000年，韩国开始"虚拟可视人"研究，获取了全世界第二例"虚拟可视人"；2003年2月，中国首例女性虚拟人数据集在第一军医大学构建成功；2005年8月，"中国虚拟人男1号"数据集在广州南方医科大学构建成功。

"数字化虚拟人"应用价值

采用信息医学与生物技术、计算机技术相结合的"数字化虚拟人"，可以为人类提供各种精确数据和依据，在医学、国防、航天、航空、汽车、建筑、机电制造、服装、影视制作等

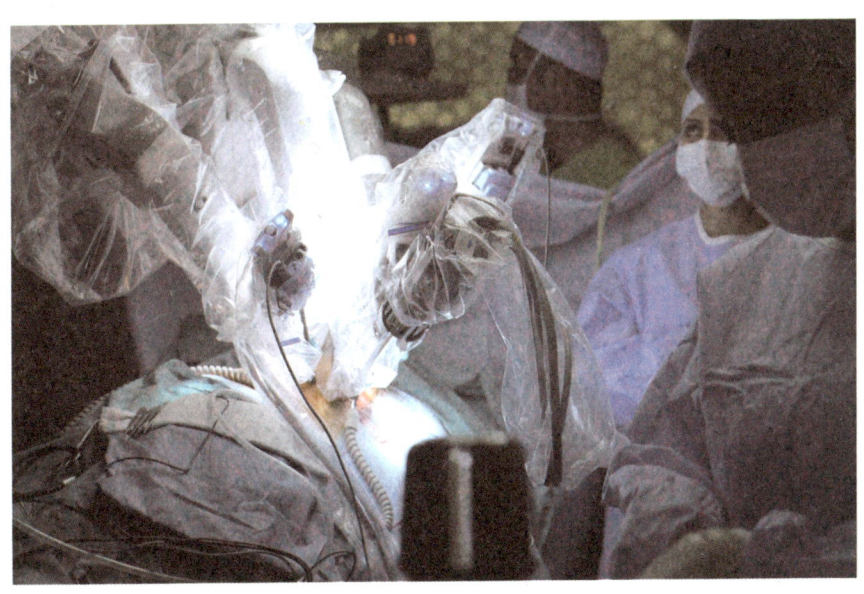

领域有着广泛的应用价值。

如果虚拟人构建完成，将给许多领域带来想象不到的惊喜。例如，在航天领域中，宇宙飞船是一个失重的空间，有了虚拟人，我们就可以通过它来改进宇航员在太空中的很多生活上的问题。反之，则要花费大量的人力和物力进行探索性的实验。

虚拟人可以代替人类做许多事情。比如，如果有虚拟人的存在，我们可以根据他的坐姿，找到符合人体生理结构最舒服的坐椅。这样一来，商家根据科学经验所生产的相关产品就会大受顾客欢迎。

人体由100多万亿细胞组成。人类对自己的认识了解极为有限，特别是对病因研究、疾病诊断、疾病治疗以及人体与环境复杂关系的研究，因缺少精确量化的计算模型而受到严重制约。而采用信息医学与生物技术、计算机技术相结合的"数字化虚拟人"，恰恰可以为人类提供各种精确数据和依据，彻底解决这一历史性难题。

放射治疗是目前治疗肿瘤疾病的一个重要手段，但由于现在进行放射治疗的医生只能凭经验进行辐射量的调节，病人往往担心在此过程中受到过量的辐射。而有了虚拟人，医生就可以先对虚拟人做放射治疗，通过其身体的变化来测定实际辐射量的使用，最后再用到真正的病人身上，这样就提高了治疗的安全性。

虚拟人在武器威力的研究上也很有价值。比如，可以用虚拟人来试验核武器、化学武器、生物武器的威力。现在的核爆炸试验都是利用动物进行。试验前在离核爆中心的不同距离放置动物，核爆后再把动物收回来检验。而有了虚拟人，就可以直接用来做试验了。

在体育运动中，虚拟人也有着广泛的用途。通过对获得冠军的运动员在爆发力的一瞬间全身各处肌肉或骨骼状态的研究，教练员可

以更好地训练自己的队员，使他们在关键时刻取得好成绩。虚拟人也会像真人一样对外界有反应，如骨头会断，血管会出血等。这样，在做汽车碰撞试验时，虚拟人就可以提供人体意外创伤的数据，以帮助改进汽车的安全防护体系。

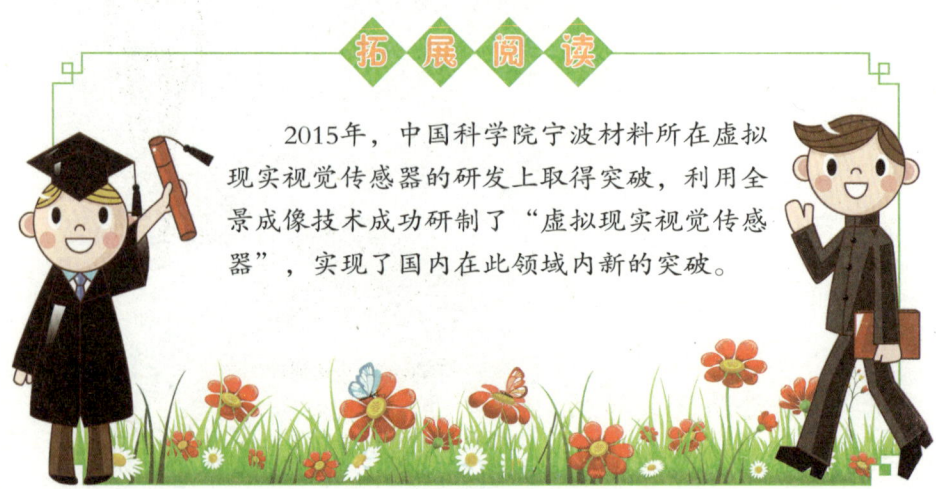

拓 展 阅 读

2015年，中国科学院宁波材料所在虚拟现实视觉传感器的研发上取得突破，利用全景成像技术成功研制了"虚拟现实视觉传感器"，实现了国内在此领域内新的突破。